改訂4版

わかりやすい

建設業法 Q&A

公益財団法人 建設業適正取引推進機構 著

大成出版社

はじめに

　建設業法は、建設業に携わる者にとって最も基本となる法律であり、建設工事の適正な施工と建設業の健全な発達を目的として、昭和24年に制定された歴史のある法律です。

　しかしながら、現在に至ってもなお、建設業においては、一括下請負や現場技術者の配置義務違反等の工事現場における不正行為、経営事項審査の虚偽申請、元請から下請への違法・不当なしわ寄せ等についての指摘があることから、法令遵守に対する取組のより一層の充実が必要とされています。

　これらの状況を踏まえ、何度かの改正が重ねられてきましたが、最近では、建設業の担い手の確保・育成といった喫緊の課題に対応するための新担い手三法としての建設業法の改正が行われました。この改正には、例えば工期に関するルールの充実や技術者に関する規制の合理化が図られたほか、技術検定制度の見直し、さらには施工体制台帳や施工体系図の記載事項の追加など、請負契約や工事現場における実務にも大きな影響を与えるものとなっています。また、さらにこの令和5年からは、建設業法施行令の監理技術者等の設置や専任の基準となる金額が改正されました。

　これらの新しい改正等に関する設問とともに、当機構には日頃数多くの法令照会が寄せられておりますが、その中から実務上有益なものを設問に加えてQ＆Aを充実させ、この改訂4版まで版を重ねてきました。

　本書は、建設業に携わる多くの方々が、より建設業法の理解を深めることができるように一問一答形式で解説し、分かりやすく読める内容としておりますので、各企業、事業者団体の方々の必携の書として、広くご活用いただければ幸いです。

令和5年1月

　　　　　公益財団法人　建設業適正取引推進機構　理事長　長谷川　新

改訂4版
わかりやすい
建設業法Q&A

目　次

I 建設業法

1 建設業法の目的

（建設業法の目的）

建設業法の目的について教えてください。

　建設業法は、建設業を営む者の資質の向上、建設工事の請負契約の適正化等を図ることによって、建設工事の適正な施工を確保し、発注者を保護するとともに、建設業の健全な発達を促進し、もって公共の福祉の増進に寄与することを目的としています（同法第1条）。

　すなわち、同法の第1の目的は、建設工事の適正な施工を確保し、発注者を保護することであり、また、第2の目的は建設業の健全な発達を促進することです。そして、これらの目的を達成するための手段として建設業を営む者の資質の向上や建設工事の請負契約の適正化が示されています。

　建設業は、産業の基盤を形成するとともに国民の日常生活にも深く関連する重要な産業ですが、①1件ごとに設計や仕様が異なる受注産業であること②天候等の影響を受けやすい屋外型の産業であること③工場生産ではなく、現地で工事が行われる非装置型の産業であることなど、他の産業にみられないような特殊性を持っているとともに、中小・零細企業が大半を占め、その経営や契約関係には前近代的な側面もみられるということから、このような目的をもって制定されたものです。

建設業法の目的

(1)
- ●建設工事の
  適正な施工の確保
- ●発注者の保護

(2)
- ●建設業の
  健全な発達を促進

公共の福祉の増進

建設業の特色

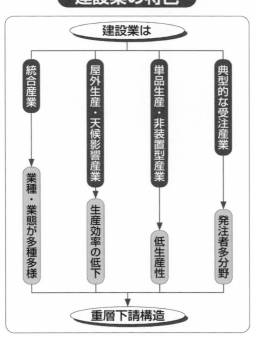

建設業は

統合産業	屋外生産・天候影響産業	単品生産・非装置型産業	典型的な受注産業
業種・業態が多種多様	生産効率の低下	低生産性	発注者多分野

重層下請構造

軽微な工事のみを請け負う者にも建設業法の適用が
あるのですか。

　建設業法は、建設工事の完成を請け負うことを営業とする者に適用されます。

　建設業とは、建設工事の完成を請け負う営業をいい、建設業法では、単に発注者から建設工事を請け負って営業することのみならず、下請契約に基づき建設工事を下請して営業することも含まれることとされています（同法第2条）。

　なお、軽微な建設工事のみを請け負うことを営業とする者は、建設業許可の適用は除外されますが、原則として建設業法の適用対象となります。

（建設業法の制定、改正経緯）

 建設業法はいつ制定されたのですか。また、現在に至るまでの変遷を教えてください。

　建設業法は昭和24年に制定されました。それ以来、時代の要請に応えて、数回にわたる改正が行われており、特に昭和46年には建設業の許可制の採用、請負契約の適正化を中心とする大改正が行われています。

（建設業法制定の経緯）

　昭和20年の太平洋戦争終戦後の復興景気は、建設業者の急増を招くとともに、従来の建設業界の秩序を壊すこととなりました。

　それは、前払金の搾取、不正工事の施工等悪質な建設業者の増加、建設工事の請負契約に不当過大な義務を課されるなど片務性の助長となり、ひいては建設業界全体の信用に関する問題となりました。

　このような背景をもとにして、建設工事の特殊性と公共性とを基礎とし、混乱と弊害の生じている建設業界の状況に鑑み、建設工事の適正な施工を確保するとともに建設業の健全な発達を図り、もって公共の福祉に寄与することを目的として、同法は制定されました。

　なお、同法制定以前は、建設業者を取り締まるための府県令が唯一の法的規制でした。

（主な同法改正の経緯）

昭和28年　適用建設工事の追加
　　　　　板金、とび、ガラス、塗装、防水、タイル、機械器具設置、熱絶縁の各工事
　　　　　建設業者の登録要件の強化、一括下請負の禁止の強化、建設業審議会の権限強化等
昭和31年　建設工事紛争審査会の設置
昭和35年　技術者の資格要件を「建設大臣が指定したものを受けた者」に限定
　　　　　建設業者に施工技術の確保に努める義務を課した技術検定制度創設
昭和36年　工事の種類ごとの技術者設置を登録要件に追加
　　　　　建設業者の経営に関する客観的事項の審査制度創設

昭和46年　許可制度の採用

　　　　　特定建設業の許可制度採用

　　　　　監理技術者制度の整備

　　　　　経営事項審査制度の整備

昭和62年　特定建設業の許可基準の改正

　　　　　監理技術者制度の整備（指定建設業に係る技術者を国家資格者とし、指定建設業監理技術者資格者証制度の導入）

平成 6 年　許可要件の強化

　　　　　経営事項審査制度の改善

　　　　　施工体制台帳の整備

　　　　　監理技術者の専任制の徹底等（監理技術者資格者証を28業種に拡大）

　　　　　見積りの適正化

　　　　　帳簿の備付けの義務化

　　　　　監督の強化

　　　　　建設業許可の簡素合理化等

平成12年　「公共工事の入札及び契約の適正化の促進に関する法律」（以下「入札契約適正化法」といいます。）の制定に伴う監督処分の規定を整備

平成18年　「建築物の安全性の確保を図るための建築基準法などの一部改正する法律」改正に伴う改正（工事目的物の瑕疵担保責任又は瑕疵担保責任に関する保証等の措置があった場合の請負契約書への記載義務）

　　同　　「建築士法等の一部を改正する法律」による改正（一括下請規制の強化）

平成19年　「特定住宅瑕疵担保責任の履行の確保等に関する法律」による改正

平成26年　「公共工事の品質確保の促進に関する法律」「入札契約適正化法」の改正に伴う（いわゆる担い手三法）改正（解体工事業の新設、建設業の許可等について暴力団排除条項の整備等）

令和元年　「公共工事の品質確保の促進に関する法律」「入札契約適正化法」の改正に伴う（いわゆる新担い手三法）改正（著しく短い工期による請負契約の締結の禁止、経営業務管理責任者に関する規定の合理化、建設業の許可に係る承継に関する規定の整備、社会保険の加入の許可要件化、下請代金の内労務費相当についての現金払い、監理技術者及び主任技術者の設置要件の緩和等）

令和 4 年　監理技術者の配置及び技術者の専任義務についての基準金額の改正（建設業法施行令）＊令和 5 年 1 月施行

＊　新担い手三法には、建設業法、入札契約適正化法及び公共工事の品質確保の促進に関する法律が含まれますが、本書では、建設業法及び入札契約適正化法を取り扱うこととしています。

2　許可制度

（許可制度）

建設業許可は、どのような場合に必要ですか。

　建設業（建設工事の完成を請け負うことを営業とする者）を営もうとする者は、軽微な建設工事（建設業法施行令第1条の2）のみを請け負うことを営業とする者以外は、建設業の許可を受けなければなりません（建設業法第3条第1項）。

　許可を受ける必要があるのは、発注者（建設工事を最初に注文するいわゆる施主）から直接建設工事を請け負う元請負人はもちろん、下請負人として建設工事を請け負う場合も含まれます。また、個人であっても法人であっても同様に許可が必要となります。

　許可を受けずに軽微な建設工事の限度を超える建設工事を請け負うと、無許可営業として罰せられることとなります。

　なお、軽微な建設工事のみを請け負うことを営業とする場合であっても、許可を受けることは差し支えありません。

　また、軽微な建設工事のみを請け負う者であっても解体工事を請け負う場合は、「建設工事に係る資材の再資源化等に関する法律」（以下「建設リサイクル法」といいます。）による解体工事業を営む者として、都道府県知事の登録を受ける必要があります（土木工事業、建築工事業又は解体工事業について建設業の許可を受けている場合は、建設リサイクル法の知事登録を受ける必要はありません。）。

軽微な建設工事以外は建設業の許
可が必要です。

（軽微な建設工事）

 建設業許可が不要な軽微な建設工事とは、何ですか。

建設業法では、軽微な建設工事のみを受注するのであれば建設業許可は不要です（建設業法第3条第1項ただし書）。

この軽微な建設工事とは、工事1件の請負代金の額が、

① 建築一式工事では1,500万円未満の工事又は延べ床面積150㎡未満の木造住宅工事

② 建築一式工事以外の工事では、500万円未満の工事

とされています（同法施行令第1条の2）が、この請負金額の算定に当たっては、次の点に注意する必要があります。

　（ア） 工事の完成を2つ以上の契約に分割して請け負うときは、それぞれの契約の請負代金の合計額とする（同令第1条の2第2項）。

　（イ） 材料が注文者から支給される場合は、支給材料費が含まれる（同令同条第3項）。

　（ウ） 請負代金や支給材料に係る消費税、地方消費税が含まれる。

なお、（ア）の取扱いについては、正当な理由に基づく分割の場合には合算しないこととされていますが、建設業法の適用を逃れるための分割でないことを十分に証明できることが必要です。

通常、軽微な建設工事に該当しないと考えられるケースを例示すると、次のような工事が考えられます。

① 1つの工事の中で独立した工種ごとに契約があり、個別には請負金額が500万円未満だが、合計すると500万円以上になる場合

② 元請工期が長期間の場合で、500万円未満の工事を下請けした後に長期間の間を置いて再度500万円未満の工事を下請けしたが、合計すると500万円以上になる場合

③ はつり、雑工事等で断続的な小口契約であるが、合計すると500万円以

上になる場合

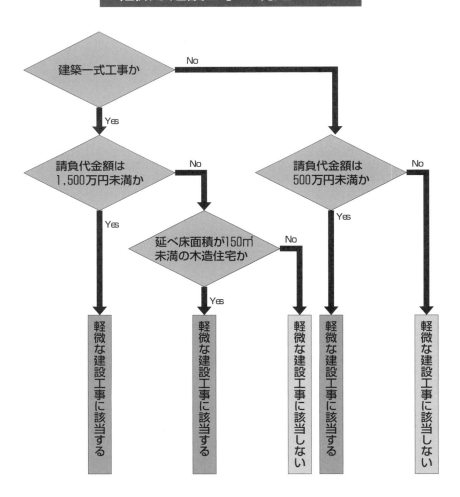

軽微な建設工事の判定フロー

（軽微な建設工事の該当判断基準）

建設業許可が不要とされている軽微な建設工事の基準とされる500万円未満の工事費を判断するときに、注文者から無償提供された工事の材料がある場合には、その材料費を含めて500万円未満となるかどうかを考えなければならないのですか。

A

　注文者が材料を提供する場合においては、その市場価格及び運送費を当該請負契約の請負代金の額に加えたものを請負代金額とすることとされており、建設業の許可が不要となる軽微な建設工事の基準とされる500万円未満（建築一式工事では1,500万円未満）の工事費の積み上げには、注文者が無償提供した工事材料があれば、その材料費及び運送費を工事費に含めて500万円未満（建築一式工事では1,500万円未満）となる必要があります。

（軽微な建設工事と消費税）

Q 2-4 建設業許可が不要とされる軽微な建設工事の基準とされる500万円未満の工事費の積み上げには、消費税額や地方消費税額が含まれるのですか。

　建設業許可が不要とされる軽微な建設工事の基準とされる500万円未満（建築一式工事では1,500万円未満）の工事費の積み上げには、取引に係る消費税及び地方消費税の額も含まれます。

（建設工事の範囲）

どのような業務が建設業法の建設工事に該当するのか、具体的に教えてください。

　建設業法では、建設工事とは、土木建築に関する工事で別表第1の上欄に掲げるものをいい（同法第2条第1項）、設備工事等も建設工事に含まれています。

　別表第1では、建設工事を土木一式工事及び建築一式工事の2つの一式工事と大工工事、左官工事など27の専門工事に分けて掲げていますが、具体的な内容や例は、告示や通達で示されています。

　建設工事の施工に際しては様々な業務が関係し、下請契約などに基づき実施されますが、その中には、必ずしも建設工事に該当しないものもあります。

　該当すると考えられる業務や、該当しないと考えられる業務の例を以下に紹介しますが、具体のケースでは契約内容及び業務内容を契約ごとに個別に判断する必要があります。

　該当しない業務については、建設業の許可や、施工体制台帳への記載等も必要ありません。ただし、施工体制台帳には、契約上の条件として、工事施工の体系を的確に把握するため、工事現場の警備・警戒業務等について記載することを、発注者が求めている場合があります。

〇建設工事に該当すると考えられる業務

①　トラッククレーンやコンクリートポンプ車のオペレータ付きリース

　　（オペレータが行う行為は、建設工事の完成を目的とする行為）

②　直接の工事目的物でない仮設や準備工の施工

　　（仮設・準備工事であっても建設工事の内容を有する）

〇建設工事に該当しないと考えられる業務

①　発注者から貸与された機械設備の管理

② ボーリング調査を伴う土壌分析

③ 工事現場の警備・警戒

④ 測量・調査（土壌試験、分析、家屋調査等）

⑤ 建設資材（生コン、ブロック等）の納入

⑥ 仮設材・車両のリース

⑦ 資機材の運搬・運送（据付等を含まないもの）

⑧ 機械設備の保守・点検（修繕等を含まないもの）

オペレータ付きのリース契約は、
基本的には建設工事の請負契約と
考えられています。

（公共工事・民間工事）

 官庁発注工事の下請工事を受注しました。この下請工事は、元請企業が民間会社ですから民間工事になるのでしょうか。

　公共工事とは、国、特殊法人等又は地方公共団体が発注する建設工事と、入札契約適正化法では定義されています。これらの発注者が、発注した工事については、その下請工事も含めて公共工事といわれています。また、建設業者の不正行為等に対する監督処分の基準（平成14年3月28日国土交通省総合政策局長）では、公共工事の請負契約には、当該公共工事について下請契約が締結されている場合における下請契約を含むと、明示されています。

　なお、経営事項審査における公共性のある施設又は工作物に関する建設工事で政令で定めるものの範囲と、入札契約適正化法の公共工事の範囲は異なっています。

（許可の区分）

建設業許可の区分を教えてください。

　建設業許可は、建設業の営業所の所在地により大臣許可又は知事許可の別に、また、施工の形態として一定額以上の下請契約を締結して施工するかどうかにより、特定建設業許可又は一般建設業許可の別に許可を受けることとなります。

（大臣許可・知事許可の区分）

　建設業許可は、許可を受けようとする者の設ける建設業の営業所の所在地の状況によって、大臣許可と知事許可の区分があります（建設業法第3条第1項）。

　建設業の営業所とは、本店又は支店若しくは常時建設工事の請負契約を締結する事務所とされています。建設業の営業所であるための最低限の要件としては、契約締結をする権限が委任され、かつ、事務所としてのスペースや備品・機器を備えていることが必要とされています。許可に当たって建設業の営業所として届けられていない事務所等では、契約締結等の行為をすることはできません（大臣許可を受けている場合も同じです。）。

　建設業を営もうとする営業所が1つの都道府県の区域内のみに所在する場合はその都道府県の知事が許可をし、建設業を営もうとする営業所が2つ以上の都道府県に所在する場合は、国土交通大臣が許可をします。同一の業者が大臣の許可と知事許可を両方受けることはできません。

　なお、知事の許可を受けた者が、営業所の所在地以外の都道府県の区域で工事を施工することは差し支えありません。

（特定建設業・一般建設業の区分）

　建設工事の施工に際しての下請契約の金額規模等によって特定建設業と一般建設業の区分があります（同法第3条第1項）。

　発注者（いわゆる施主）から直接建設工事を請け負った者が、4,500万円以上（建築一式では7,000万円）の工事を下請に出すためには、特定建設業の許可を受けなければなりません。このような場合以外は、一般建設業の許可でよいこととなります。この金額は、その下請契約に係る消費税や地方消費税を含んだものであり、2つ以上の工事を下請に出す場合には、これらの下請金額を合計した金額です。

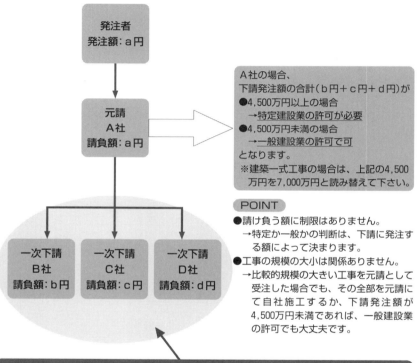

一般建設業と特定建設業の違い

発注者
発注額：a円

元請
A社
請負額：a円

A社の場合、
下請発注額の合計（b円＋c円＋d円）が
● 4,500万円以上の場合
　→特定建設業の許可が必要
● 4,500万円未満の場合
　→一般建設業の許可で可
となります。
※建築一式工事の場合は、上記の4,500
　万円を7,000万円と読み替えて下さい。

POINT
● 請け負う額に制限はありません。
　→特定か一般かの判断は、下請に発注す
　　る額によって決まります。
● 工事の規模の大小は関係ありません。
　→比較的規模の大きい工事を元請として
　　受注した場合でも、その全部を元請に
　　て自社施工するか、下請発注額が
　　4,500万円未満であれば、一般建設業
　　の許可でも大丈夫です。

一次下請
B社
請負額：b円

一次下請
C社
請負額：c円

一次下請
D社
請負額：d円

一次下請業者には、特定建設業の許可が必要な場合はありません。

POINT
● 「下請発注額によっては特定建設業の許可が必要」とした要件は、元請業者に対して
のみ求めているものです。
　一次下請負以下として契約されている建設業者については、このような制限はありま
せん（一次下請業者が二次下請業者に対して発注する額に制限はありません。ま
た、その発注額による特定、一般の条件もありません。）。

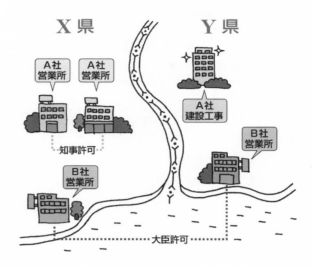

知事許可と大臣許可

Ｘ県知事許可のＡ社は、Ｙ県でも
建設工事ができますが、その契約
は届出されたＸ県内の営業所がし
なければなりません。

一定額以上を下請に出す場合は、
特定建設業の許可が必要です。

（建設業許可の業種区分）

建設業許可の業種区分には、どのようなものがありますか。

　建設業許可は、建設業の業種を建設工事の種類ごとに区分し、業種ごとに行われます。この建設工事の種類は、2つの一式工事と27の専門工事に区分されています。

（業種区分）

・土木工事業	・建築工事業	・大工工事業
・左官工事業	・とび・土工工事業	・石工事業
・屋根工事業	・電気工事業	・管工事業
・タイル・れんが・ブロック工事業	・鋼構造物工事業	・鉄筋工事業
・舗装工事業	・しゅんせつ工事業	・板金工事業
・ガラス工事業	・塗装工事業	・防水工事業
・内装仕上工事業	・機械器具設置工事業	・熱絶縁工事業
・電気通信工事業	・造園工事業	・さく井工事業
・建具工事業	・水道施設工事業	・消防施設工事業
・清掃施設工事業	・解体工事業	

　なお、同一の業者が業種の違いにより、ある業種では一般建設業の許可を、他の業種では特定建設業の許可を受けるということはできますが、同一業種で一般建設業と特定建設業の両方の許可を同時に受けることはできません。

（解体工事業の追加）

 なぜ、約40年ぶりに建設業の業種区分として解体工事業が追加されたのですか。

　建設業の許可に係る業種区分が約40年ぶりに見直され、平成28年から解体工事業が新たな業種として追加されています。維持更新時代の到来に伴い解体工事等の施工実態に変化が生じ、これに対応した適切な施工体制の確保が急務となっていたことや、解体工事についての事故を防ぎ工事の質を確保するため、解体工事業の新設により必要な実務経験や資格のある技術者を配置することが必要とされたことに対応したものです。

（業種区分の間違い）

建設業許可の業種区分を間違えて、許可を受けた業種以外の工事を施工した場合にはどうなるのですか。

　建設業法では、一般建設業でも特定建設業でも、土木、建築など29の建設工事の種類ごとに、許可を受けなければならないこととされています。施工しようとする工事に対応する業種で許可を受けていない場合には、当該工事を原則として施工することはできませんので、建設業法違反になります。

（許可業種と工事の内容）

> 次のような工事について、必要な許可業種を教えて
> ください。
> ① 電気に関連する配管工事（電気の配電、自動火
> 災報知器、インタホン、電話、テレビ等）
> ② ごみの飛散防止のために、高さ5メートル程度
> の多数のポールを設置し、これにネットを取り付
> ける工事（資材は既製の2次製品）
> ③ 鋼製の型枠を用いた型枠工事
> ④ 塗装工場内の臭気や排気を除去する装置の設置
> 工事
> ⑤ 太陽光発電施設設置工事

　建設工事を請け負って施工するためには、その工事の種類に応じた建設業
の許可が必要です。そこで、工事の種類を判断する必要があります。

　建設工事については、土木建築に関する工事で、建設業法の別表第1の上
欄に掲げるものをいうとされており（建設業法第2条第1項）、この別表第
1の上欄には2つの一式工事と27の専門工事の種類が掲げられています。更
により具体的にその内容が分かるように、告示（昭和47年3月8日建設省告
示第350号）や通達（平成13年国総建第97号など）が出されています。

　告示や通達では、建設工事の種類ごとに、その建設工事の内容及び建設工
事の例が示されています。例えば、左官工事であれば、建設工事の内容は工
作物に壁土、モルタル、漆くい、プラスター、繊維等をこて塗り、吹付け、
又ははり付ける工事とされており、建設工事の例示として、左官工事、モル
タル工事、モルタル防水工事、吹付け工事、とぎ出し工事、洗い出し工事が
掲げられています。

　これらは、現実の建設業における施工の実態を前提として、施工技術の相
違、取引慣行等により分類されたものですが、各工事の内容はそれぞれ他の

工事の内容と重複する場合もあり、また、時代の変遷により施工技術の進歩発展又は施工実態の変化に伴って変化するものであるとされています。典型的でないものについては必要に応じて許可行政庁に確認するのがよいでしょう。

　そこで設問の場合ですが、必要な許可は次のように考えられています。
①の配管工事のうち、
　　・電気の配電等に係るものについては、「電気工事業」
　　・自動火災報知設備に係るものについては、「消防設備工事業」
　　・インタホン、電話、テレビに係るものについては、「電気通信工事業」
②の工事については、「とび・土工工事業」
③の工事については、木製でない型枠であっても型枠工事は、「大工工事業」
　　なお、コンクリート工事に係る仮型枠の施工については、「とび・土工工事業」の許可でも施工が可能と考えられています。
④の工事については、公害防止装置の設置は、衛生設備工事に該当し、「管工事業」
⑤の工事については、「電気工事」に該当し、太陽光発電パネルを屋根に設置する場合には、屋根等の止水処理を行う工事もこれに含まれます。
　　ただし、屋根一体型の太陽光パネル設置工事は、「屋根工事」に該当します。

《建設工事の業種区分》

		業　　　種	建設工事の内容	建設工事の例示	建設工事の区分の考え方
	建設工事の種類	建設業法別表第1	昭和47年告示第350号 最終改正　平成29年11月10日国土交通省告示第1022号	平成13年国総建第97号　建設業許可事務ガイドライン別表第1最終改正　令和3年12月9日国不建第361号	平成13年国総建第97号　建設業許可事務ガイドライン最終改正　令和3年12月9日　国不建第361号
1	土木一式工　　事	土木工事業	総合的な企画、指導、調整のもとに土木工作物を建設する工事（補修、改造又は解体する工事を含む。以下同じ。）		①　「プレストレストコンクリート工事」のうち橋梁等の土木工作物を総合的に建設するプレストレストコンクリート構造物工事は『土木一式工事』に該当する。 ②　上下水道に関する施設の建設工事における『土木一式工事』、『管工事』及び『水道施設工事』間の区分の考え方は、公道下等の下水道の配管工事及び下水処理場自体の敷地造成工事が『土木一式工事』であり、家屋その他の施設の敷地内の配管工事及び上水道等の配水小管を設置する工事が『管工事』であり、上水道等の取水、浄水、配水等の施設及び下水処理場内の処理設備を築造、設置する工事が『水道施設工事』である。なお、農業用水道、かんがい用排水施設等の建設工事は『水道施設工事』ではなく『土木一式工事』に該当する。

		建築工事業	総合的な企画、指導、調整のもとに建築物を建設する工事		ビルの外壁に固定された避難階段を設置する工事は『消防施設工事』ではなく、建築物の躯体の一部の工事として『建築一式工事』又は『鋼構造物工事』に該当する。
2	建築一式工事				
3	大工工事	大工工事業	木材の加工又は取付けにより工作物を築造し、又は工作物に木製設備を取付ける工事	大工工事、型枠工事、造作工事	
4	左官工事	左官工事業	工作物に壁土、モルタル、漆くい、プラスター、繊維等をこて塗り、吹付け、又ははり付ける工事	左官工事、モルタル工事、モルタル防水工事、吹付け工事、とぎ出し工事、洗い出し工事	① 防水モルタルを用いた防水工事は左官工事業、防水工事業どちらの業種の許可でも施工可能である。 ② ラス張り工事及び乾式壁工事については、通常、左官工事を行う際の準備作業として当然に含まれているものである。 ③ 『左官工事』における「吹付け工事」とは、建築物に対するモルタル等を吹付ける工事をいい、『とび・土工・コンクリート工事』における「吹付け工事」とは、「モルタル吹付け工事」及び「種子吹付け工事」を総称したものであり、法面処理等のためにモルタル又は種子を吹付ける工事をいう。

（以下略）

（一式工事と専門工事）

一式工事と専門工事の違いは何ですか。
一式工事の許可を取得すれば、すべての工事を請け負えますか。

A

　建設業許可の種類には、2つの一式工事と27の専門工事に対応した許可業種があります。それぞれの内容や一式工事の許可を得ている場合に、どのような工事を請け負えるのかについては、次のとおりです。

（一式工事とは）

　一式工事は、総合的な企画、指導及び調整のもとに、土木工作物又は建築物を建設する工事です。この中には、複数の専門工事の組み合わせで構成される工事、例えば、住宅の建築であれば、大工工事、左官工事、屋根工事、電気工事等を組み合わせた工事も含まれます。

　なお、単一の専門工事であっても、工事の規模、複雑性等からみて個別の専門工事として施工することが困難なものも含まれるとされています。

（専門工事とは）

　専門工事は、左官工事、屋根工事、塗装工事等の工事内容の専門性に着目して区分された個別の工事種類で、一式工事とみられる大規模、複雑な工事等を除いたものです。

（専門工事と一式工事の許可）

　建設業の営業において必要な許可業種は、請負契約の内容により判断されます。許可を必要としない「軽微な建設工事」を除いて、個別の専門工事の請負であれば、その工事に対応する専門工事の許可が必要であり、一式工事の許可では請け負うことはできません。

　なお、一式工事を請け負った場合には、通常、一式工事の内容に個別の専

門工事が含まれていますが、その施工に当たっては、それぞれの専門工事に対応した技術者の配置が必要となります。

「一式工事」は、工事の種類の1つです。
専門工事を請け負おうとする場合には、工事の種類に対応した専門工事の許可が必要です。

（許可を受けていない専門工事）

受注した土木一式工事の中に、建設業の許可を受けていないとび・土工工事や鉄筋工事の専門工事が含まれています。この2業種の工事の施工についてはどのようにすればよいでしょうか。

　専門工事を請け負う場合には、原則として、工事の種類に応じた専門工事業の許可が必要ですが、一式工事の許可業者が一式工事として請け負う工事の中に専門工事が含まれている場合は、その専門工事業の許可を持たなくとも施工することができます。

　この場合は、次のいずれかの方法で施工することが必要です（建設業法第26条の2第1項）。ただし、当該専門工事が軽微な建設工事に該当する場合は、その必要はありません。

① 専門工事についての主任技術者の資格を持っている者を専門技術者として配置して施工する（受注した一式工事の主任技術者や監理技術者がその資格を持っている場合は兼任してもよい。）。

② その専門工事について建設業の許可を受けている専門工事業者に下請負させる。

　また、建設業者は、許可を受けた建設業に係る建設工事を請け負う場合においては、当該建設工事に附帯する他の建設業に係る建設工事を請け負うことができるとされています（同法第4条）が、この場合の工事の施工についても上記と同様に取り扱われています（同法第26条の2第2項）。

　この附帯工事の性格には、次のようなものがあると考えられています。

① 主たる建設工事の施工により必要を生じた他の従たる建設工事

　管工事の施工に伴って必要を生じた熱絶縁工事、屋根工事の施工に伴って必要を生じた塗装工事など、主たる建設工事の機能の保全や能力を発揮させるもの。

② 主たる建設工事を施工するために生じた他の従たる建設工事

　建築物の改修等の場合に、電気工事の施工に伴って必要を生じた内装仕上工事、建具工事の施工に伴って必要を生じたコンクリート工事、左官工事など、主たる工事に関連して余儀なく施工することが必要とされるもの。

土木一式工事、建築一式工事の中に他の専門工事が含まれているときは、一式工事の技術者とは別に、その専門工事について主任技術者の資格を持つ専門技術者を置く必要があります。
専門技術者を置くことができない場合は、専門工事業の許可業者に下請させる必要があります。

（許可要件）

建設業許可を受けるためには、どのような要件を満たせばよいでしょうか。

建設業の許可要件は、次のとおりです。

① **経営業務の管理を適正に行うに足りる能力を有すること**

i　法人の常勤役員等（個人の場合は、本人又は支配人）のうち一人が、次のいずれかに該当すること

ア　建設業（許可業種を問わない。以下同じ。）に関し、5年以上経営業務の管理責任者（役員、支店長、営業所長）としての経験を有していること

イ　建設業に関し、5年以上執行役員等としての経験を有していること

ウ　建設業に関し、6年以上経営業務の管理責任者に準ずる地位にあって、経営業務を補助する業務に従事した経験を有していること

エ　建設業の役員として2年以上の経験を有し、かつ、役員又は役員に次ぐ職制上の地位における5年以上の建設業の財務管理、労務管理又は業務運営のいずれかの業務を担当する経験を有していること

オ　建設業か否かは問わず、役員としての5年以上の経験を有し、かつ、建設業について2年以上の役員経験を有していること

エ、オの場合には、その役員を補佐する者としてその会社の財務管理、労務管理、業務運営について、5年以上の経験を有する者を各々配置すること

（例）・5年以上の会社役員経験
　　　・うち、建設業での役員等の経験が2年以上

常勤役員

＋

財務　労務　業務

常勤役員を補佐する者

ⅱ　社会保険（健康保険、厚生年金保険、雇用保険）に加入していること

② 営業所ごとに一定の資格・経験を有する技術者を専任で設置できること

　例えば、一般建設業の建築工事業であれば、高等学校の建築学科を卒業後5年以上建築の業務に従事している技術者が社員としていることなどが必要です。

　また、特定建設業については、より高度な資格・経験が必要になり、更に、特定建設業のうち指定建設業については、1級の国家資格等の取得者に限られます。

③ 誠実性があること

　企業やその役員、支店長、営業所長等が請負契約に関して不正又は不誠実な行為をするおそれが明らかな者でないことが必要です。これは、一般建設業も特定建設業も同じです。

　なお、不正な行為とは、請負契約の締結等の際における詐欺、脅迫等の法律に違反する行為をいい、不誠実な行為とは、工事内容、工期、天災等による損害の負担等について請負契約に違反する行為をいいます。

④ 財産的基礎があること

　一般建設業では、原則として、500万円以上の自己資本か資金調達能力が必要です。

　また、特定建設業については、高額の下請工事を出すことから、資本金が2,000万円以上あり、かつ、自己資本が4,000万円以上あることなど、一般建設業に比べて厳しい基準になっています。

⑤ 欠格要件に該当しないこと

　以上の①から④までの要件を満たしていても、許可の取消処分を受けてから5年未満の者や、役員などに禁固以上の刑に処せられ刑の執行が終わり刑を受けなくなってから5年未満の者がいるなどの者は許可が受けられません。

　また、役員などに暴力団員、暴力団員でなくなった日から5年を経過していない者がいるなどの場合や、暴力団員等がその事業活動を支配する者は許可が受けられません。

建設業の許可を得るには、経験ある経営業務の管理責任者等、資格・経験ある専任の技術者を置くことが必要です。

一定の資格・経験ある技術者を営業所に専任で置かなければなりません。
指定建設業にあっては、1級土木施工管理技士等の1級の国家資格等の取得者が必要です。

（経営能力判断対象の常勤役員等の勤務地）

経営業務の管理を適正に行うに足りる能力を有する要件とされる常勤役員等の常勤勤務地が、主たる営業所である本社以外の営業所であることに問題がありますか。

　経営業務の管理を適正に行うに足りる能力を有することの要件は、いわゆる常勤役員に経営業務管理責任者等を配置することであり、この常勤役員は原則として本社、本店等において休日その他勤務を要しない日を除き一定の計画のもとに毎日所定の時間中、その職務に従事している者でなければなりません。

　なお、テレワークによる職務の従事が、認められています。

（社会保険加入と許可要件）

社会保険が許可要件になったのはどうしてですか。

　建設産業においては、下請企業を中心に、健康保険、厚生年金保険、雇用保険（以下「社会保険」という。）について、法定福利費を適正に負担しない企業があり、技能労働者の処遇を低下させ、若年入職者減少の一因となっているほか、関係法令を遵守して適正に法定福利費を負担する事業者ほど競争上不利になるという矛盾した状況になっていることが指摘されています。このため、国土交通省は、事業者単位では許可業者の社会保険加入率100％、労働者単位では少なくとも製造業相当の加入状況（約90％）を目指した施策を展開しています。

　このような状況を背景に、社会保険に加入していることが、建設業の許可の要件になっています。

保険制度の概要

①　雇用保険

　法人、個人を問わず労働者を1人でも雇用した場合には、必ず加入しなければなりません。ただし、1週間の労働時間が20時間以上で31日以上雇用見込みの者のみが対象になり、1週間の労働時間が20時間未満の場合には、本人が希望しても加入することができません。また、会社の代表者や役員は、加入することができません。

②　健康保険・厚生年金保険

　法人会社の場合には、人数にかかわらず必ず加入しなければなりません。個人事業者の場合は、労働者が5人以上の場合には必ず加入しなければなりません（一部の業種を除く。）。5人未満の場合には、任意加入になります。

（営業所専任技術者の雇用関係）

Q 2-17 他企業からのいわゆる在籍出向者を、営業所専任技術者にすることができますか。

　営業所専任技術者の専任の者とは、その営業所に常勤して専らその職務に従事することを要する者をいいます。会社の社員の場合には、その者の勤務状況、給与の支払状況、その者に対する人事権の状況等により専任かどうかの判断を行うこととされ、これらの判断基準により専任制が認められる場合には、いわゆる在籍出向社員であっても営業所の専任技術者として取り扱うこととされています。

（財産的基礎）

欠損金が、資本金の20％以下になったとき、特定建設業許可は即座に取り消されるのですか。

　建設業許可の要件として、請負契約を履行するに足りる財産的基礎又は金銭的信用を有しないことが明らかなものであってはならないとされており（建設業法第7条第4号）、特定建設業については、①欠損金が資本金額の20％を超えていないこと、②流動比率が75％以上であること、③資本金額が2,000万円以上、かつ、自己資本額が4,000万円以上であることが必要とされています。

　この基準に適合するか否かは、原則として、既存企業については許可申請時の直前の決算期における財務諸表で、新規設立企業については創業時の財務諸表で判断されており、許可を受けている建設業者が許可の有効期間内にこの基準に適合しないこととなった場合に、直ちに許可の効力に影響することはないとされています。

　許可更新時に判断され、基準に適合しない場合には、不許可となります。

　また、大臣許可の場合には、当該財務諸表上では資本金の額に関する基準を満たさないが、申請日までに増資を行うことによって基準を満たすこととなった場合は、資本金に関する基準を満たしているものとして取り扱うとされています。

（営業所専任技術者の兼務）

 営業所の専任技術者は、経営業務の管理を適正に行うに足りる能力を有する要件とされる常勤役員等と、同一人が兼務することはできませんか。

　営業所の専任技術者は、経営業務の管理を適正に行うに足りる能力を有する要件とされる常勤役員等と、その常勤する本社、本店等が同一の場合に限られますが、同一人が兼務することができます。

（営業所専任技術者等のテレワーク勤務）

営業所の専任技術者が、テレワークで勤務すること
は、認められませんか。

　営業所の専任技術者は、その営業所に常勤して専らその職務に従事することが義務付けられています。この常勤には、テレワークの場合が含まれます。

　なお、テレワークとは、営業所等勤務を要する場所以外の場所で、ICTの活用により、営業所等で職務に従事している場合と同等の職務を遂行でき、かつ、所定の時間中において常時連絡を取ることが可能な環境下においてその職務に従事することをいうとされています。具体的にこの場所は、例えば、メールを送受信・確認できることや、契約書、設計図書等の書面が確認できること、電話が常時つながることが必要とされています（建設業許可事務ガイドライン　平成13年4月3日　国総建第97号）。

　なお、経営業務の管理を適正に行うに足りる能力を有する要件とされる常勤役員、営業所長等についても、常勤義務が課されていますが、営業所の専任技術者と同様にテレワークで勤務することが認められています。

（欠格要件）

建設業許可の欠格要件とは何ですか。

　建設業許可の取消処分を受けてから5年未満の者や、役員等に建設業法等の規定に違反して罰金刑に、又はそれ以外の罪で禁固以上の刑に処せられ、刑の執行が終わり刑を受けなくなってから5年未満の者がいるなどの企業は、許可要件を満たしていても、許可が受けられません（建設業法第8条）。これを欠格要件といいます。役員等に暴力団員等がいることも欠格要件となります。

　既に許可を受けている企業が、欠格要件にあらたに該当し、又は該当することがわかった場合には、許可が取り消されることになります。

（欠格要件と罰金刑）

役員、営業所長等が、罰金刑に処せられた場合に、欠格要件に該当したとして建設業許可が取り消されるのはどのようなときですか。

　次の法律の罪を犯した場合には、その量刑が禁錮刑以上ではなく罰金刑であったときでも、建設業許可は取り消されます。

・建設業法（罰金刑以上の全て）

・暴力団員による不当な行為の防止等に関する法律（罰金刑以上の全て）

・刑法（第204条・第206条・第208条・第208条の２・第222条・第247条）

・暴力行為等処罰に関する法律（罰金刑以上の全て）

・建築基準法（第９条第１項又は10項前段の規定による特定行政庁又は建築監視員の命令に違反した場合に係る罰則）

・宅地造成等規制法（第14条第２項、３項又は４項前段に規定による都道府県知事の命令に違反した場合に係る罰則）

・都市計画法（第81条第１項の規定による国土交通大臣、都道府県知事又は市長の命令に違反した場合に係る罰則）

・景観法（第64条第１項の規定による市町村長の命令に違反した場合に係る罰則）

・労働基準法（第５条及び第６条の規定に違反した者に係る罰則）

・職業安定法（第44条の規定に違反した者に係る罰則）

・労働者派遣法（第４条第１項の規定に違反した者に係る罰則）

（欠格要件と暴力団対策）

2-23 建設業許可の欠格要件に、暴力団員等があります
が、これについて教えて下さい。

　建設業許可の欠格要件及び取消事由の中に、①暴力団員（役員等がこれに
該当する場合を含む。）②暴力団員でなくなった日から5年を経過していな
い者（役員等がこれに該当する場合を含む。）③暴力団員等がその事業活動
を支配する者があります（建設業法第8条第9号・第14号）。

　また、建設業許可の欠格要件や、許可申請書の記載事項等の対象となる役
員の範囲は、取締役や執行役に加え、相談役や顧問など法人に対し取締役等
と同等以上の支配力を有する者も含められています（同法第5条第3号）。

　なお、公共工事の受注者又はその役員等が暴力団員等と判明した場合に
は、発注者が当該受注者の許可行政庁に通報することとされています（入札
契約適正化法第11条）。

（欠格要件と労働基準法違反）

労働基準法に違反したことにより、欠格要件に該当するとして許可が取り消されることがありますか。

2-24

　労働基準法は、労働者が人たるに値する生活を営むために必要な労働条件としての最低基準である賃金、労働時間、休憩・休日及び年次有給休暇等について定めている法律です。

　特に、強制労働の禁止（労働基準法第5条）及び中間搾取の排除（同法第6条）は、当該違反により罰金刑以上の刑に処せられたときに、建設業許可の欠格要件に該当し（建設業法第8条第1号）、許可が取り消されます（同法第29条第1項第2号）。

　労働時間、休憩・休日等に関する規制などその他の違反については、禁錮以上の刑を受けたときに、建設業許可が取り消されます（同法第8条第7号）。

(1)　労働時間

　○労働時間の上限は、1日8時間、1週40時間（労働基準法第32条、第40条）

　○36協定を結んだ場合、協定で定めた時間まで時間外労働可能（同法第36条）

　○時間外労働の上限

　(1)　原則　月45時間、年間360時間

　(2)　通常予見することのできない業務量の大幅な増加等に伴い臨時的に限度時間を超えて労働させる場合についての特別条項（36協定）を設けるとしても、

　　①　年間最大720時間まで

　　②　単月においては、休日出勤も含めて100時間まで

　　③　2ヶ月から6ヶ月の複数月の平均で、いずれも休日出勤も含めて80時間まで

④　原則（月45時間）を超えることができる月は6月まで

なお、復旧・復興事業については、その特性に鑑みて、上限規制のうち(2)の②と③は適用されないこととされています。

※いわゆる「働き方改革関連法」（平成30年6月成立）によって労働基準法が改正され、時間外労働の上限が罰則付きの法定の規制として強化されました。この改正は平成31年4月から施行されていますが、建設業については法施行後5年間の適用猶予期間が設定されていますので、令和6年4月1日から建設業でも他産業と同様に上記のような時間外労働規制が適用されることとなります。

(2)　休憩・休日

○1日の労働時間が6時間を超える場合には45分以上、8時間を超える場合には1時間以上の休憩を、勤務時間の途中に与えなければならない。

休憩時間は原則として、一斉に与え、かつ自由に利用させなければならない（同法第34条）。

○少なくとも1週間に1日、または4週間を通じて4日以上の休日を与えなければならない（同法第35条）。また、休日に労働させる場合には36協定の締結が必要（同法第36条）。

(3)　割増賃金

時間外労働、休日労働、深夜労働（午後10時から午前5時）を行わせた場合には割増賃金を支払わなければならない（同法第37条）。

(4)　年次有給休暇

雇い入れの日（試用期間を含む）から6か月間継続勤務し、全所定の8割以上出勤した労働者には年次有給休暇が与えられる（同法第39条）。

（許可手続）

建設業許可を受けるためには、どのような書類が必要ですか。また、申請はどのように行えばよいのですか。

（提出書類）

　建設業許可を受けようとする者は、許可申請書に所要の書類を添付して許可の区分に応じて国土交通大臣又は都道府県知事に申請しなければなりません。

　添付書類は、工事経歴書などの工事実績等に関する書類や経営業務管理責任者、専任技術者等に関する書類、経営状況に関する書類などですが、許可を受けようとする者が法人か個人か、新規申請の場合か更新申請の場合かによって添付するものが違います（建設業法第5・6条）。

（申請手続）

　国土交通大臣の許可を受けようとする場合は国土交通省（地方整備局建政部等）に、都道府県知事の許可を受けようとする場合は都道府県の建設業行政担当部局に申請することとなります。

　なお、令和5年1月から電子申請による手続きも可能となっています（ただし、都道府県の一部では、対応が未定となっているところもありますので、詳しくは建設業担当部局に確認してください）。

（手数料等）

　申請には、登録免許税（国土交通大臣の新規許可の場合のみ）又は許可手数料の納入が必要です。ちなみに、国土交通大臣の新規の許可を受ける場合の登録免許税は15万円となっており、地方整備局等の所在地を管轄する税務署に納入しなければなりません。その他の場合は、収入印紙や都道府県が発行する証紙を申請書に貼付します（同法第10条）。

許可事務の流れ

a 大臣許可の場合

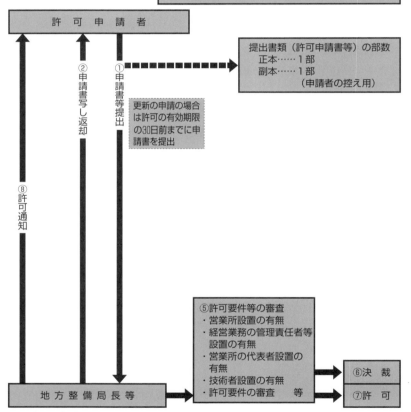

登録免許税等	
新規許可………………	登録免許税　150,000円 （各地方整備局等の所在地を管 轄する税務署宛現金納付）
更新許可………………	申請手数料　50,000円

許 可 申 請 者

①申請書等提出

提出書類（許可申請書等）の部数
正本……1部
副本……1部
（申請者の控え用）

更新の申請の場合
は許可の有効期限
の30日前までに申
請書を提出

②申請書写し返却

⑧許可通知

⑤許可要件等の審査
・営業所設置の有無
・経営業務の管理責任者等
設置の有無
・営業所の代表者設置の
有無
・技術者設置の有無
・許可要件の審査　等

⑥決　裁

⑦許　可

地 方 整 備 局 長 等

○ 地方整備局等
北海道開発局（北海道）、東北地方整備局（青森、岩手、宮城、秋田、山形、福島）、
関東地方整備局（茨城、栃木、群馬、埼玉、千葉、東京、神奈川、山梨、長野）、
北陸地方整備局（新潟、富山、石川）、中部地方整備局（岐阜、静岡、愛知、三重）、
近畿地方整備局（福井、滋賀、京都、大阪、兵庫、奈良、和歌山）、
中国地方整備局（鳥取、島根、岡山、広島、山口）、四国地方整備局（徳島、香川、愛媛、高知）、
九州地方整備局（福岡、佐賀、長崎、熊本、大分、宮崎、鹿児島）、沖縄総合事務局（沖縄）

b　知事許可の場合 （東京都の例）

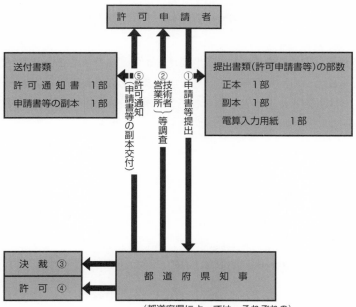

許可手数料

新規許可　許可手数料90,000円（収入証紙貼付）

更新許可　許可手数料50,000円（収入証紙貼付）

許　可　申　請　者

送付書類

許可通知書　1部

申請書等の副本　1部

⑤
許可通知
（申請書等の副本交付）

②
営業所
技術者
等調査

①
申請書等提出

提出書類（許可申請書等）の部数

正本　1部

副本　1部

電算入力用紙　1部

決　裁　③

許　可　④

都　道　府　県　知　事

（都道府県によっては、それぞれの
都道府県が指定する土木事務所等）

（許可までの必要期間）

国土交通大臣許可を受ける場合、許可申請後許可されるまでどれくらいの期間がかかりますか。

　国土交通大臣許可については、建設業の許可申請書類が、建設業を営もうとする者の主たる営業所の所在地を管轄する地方整備局等の事務所に到達してから、許可が出るまでに通常要すべき標準的な期間は、おおむね90日程度とされています。この期間は、適正な申請を前提にしたもので、形式上の不備の是正等を求める補正に要する期間は含まず、また、適正な申請がなされても、審査のため、地方整備局長等が申請者に必要な資料の提供等を求めてから、申請者がその求めに応答するまでの期間は含まないものとされています。

（許可換え・廃業等）

 建設業許可を大臣許可から知事許可に換える場合や
建設業を廃業する場合の手続について教えてくだ
さい。

　許可を受ける業種については、下請工事契約金額の規模等により「特定建
設業」又は「一般建設業」のいずれかの許可を受けなければなりません。あ
る都道府県内のみに営業所がある場合は知事の、2都道府県以上にまたがっ
て営業所がある場合には国土交通大臣の許可を受けなければなりません。

　したがって、現在受けている許可と区分の異なる許可を受けようとする場
合（般・特新規）、知事許可業者が当該都道府県外に営業所を設けた場合
（許可換え）には、新たな許可の申請が必要となります。

○般・特新規

　現在一般建設業の許可のみを受けている建設業者が、許可を受けている業
種について下請工事契約締結の金額制限を受けずに営業しようとする場合、
特定建設業の許可が必要となります。

　また、現在特定建設業の許可を受けている者が、技術者の退職等により特
定建設業の要件を満たさなくなった場合、一般建設業の許可を受け直す必要
があります。

　このように、現在受けている許可の区分と異なる区分の建設業許可を申請
することを「般・特新規」といいます。

○許可換え

　許可を受けた建設業者が、次の事項に該当する場合は新たに国土交通大臣
又は当該都道府県知事に建設業の許可を申請する必要があります。手続は新
規許可申請と同様です。

　なお、現に受けている許可は、新たな許可を受けたときその効力を失いま

す。

ア　国土交通大臣の許可を受けた建設業者が、一都道府県のみに営業所を残し、他の都道府県の営業所をすべて廃止した場合は、その知事に申請すること。

イ　ある県知事の許可を受けた建設業者が、その区域内の全ての営業所を廃止して、他の都道府県に本店を移転した場合は、移転先の都道府県知事に申請すること。

ウ　ある県知事の許可を受けた建設業者が、他の都道府県にも営業所を設けた場合は、国土交通大臣に申請すること。

○建設業を廃業するとき（建設業法第12条）

　許可を受けたあと許可を受けた法人が消滅したり、建設業を営む意志を失った場合には、許可を行った行政庁にその旨を届出なければなりません。

※「一部の業種の廃業」の場合には、廃業した業種に関する専任技術者の変更や削除の届出を併せて行う必要があります。

（許可の変更）

営業所長が交代しました。建設業法の手続きはどうすればいいですか。

　建設業者は、許可申請時に提出した書類の記載事項（例えば、商号、名称、営業所、常勤役員等、営業所専任技術者、営業所長等）に変更が生じた場合には、一定の期間内に変更届出書を国土交通大臣又は都道府県知事に提出しなければなりません（建設業法第11条）。

　新たに営業所長になった者の変更届出書は、当該事実の発生から2週間以内に許可行政庁に提出しなければなりません。

（事業承継と認可制度）

 2-29 建設会社どうしで企業合併しました。建設業法の手続きはどうすればいいですか。

　企業合併、事業譲渡等について、円滑に事業承継するために認可制度があります。例えば、B会社がA会社を吸収合併してA会社が消滅し新B会社になる場合に、合併の前に国土交通大臣又は都道府県知事の認可を受けておけば、合併の時点で新B会社はA会社の建設業者としての地位を承継できます（建設業法第17条の2）。

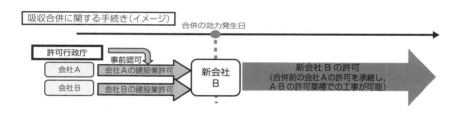

（許可の取消しと建設工事）

 下請負人の個人業者が亡くなりました。その相続人に継続して工事を施工してもらえますか。

　個人事業主の建設業者が死亡した場合に、死亡後30日以内に国土交通省又は都道府県知事に申請して認可を受ければ、相続人は被相続人の建設業者としての地位を承継して引き続き建設業を営むことができます。この場合、受注業者は、相続人として継続して工事を施工することができます（建設業法第17条の3）。

　また、認可を受けないで許可が取り消される場合においても、本人の死亡前に締結された請負契約に係る建設工事に限っては、その相続人（一般承継人）が施工することができます（同法第29条の3第4項）。

建設業法の営業所とは何ですか。

　営業所とは、本店又は支店若しくは常時建設工事の請負契約を締結する事務所とされています。また、本店又は支店は、常時建設工事の請負契約を締結する事務所でない場合であっても、他の営業所に対し請負契約に関する指導監督を行う等建設業に係る営業に実質的に関与する事務所であれば、営業所になります。

　常時請負契約を締結する事務所とは、請負契約の見積り、入札、狭義の契約締結等請負契約の締結に係る実体的な行為を行う事務所をいい、必ずしもその事務所の代表者が契約書の名義人であるか否かを問うものではありません。

　建設業に関係のある事務所であっても、特定の目的のために臨時に置かれる工事事務所、作業所等又は単なる事務の連絡のために置かれる事務所は、該当しません。

　営業所であるか否かは、その実態に応じて判断されますが、最低限度の要件としては契約締結に関する権限を委任されており、かつ、事務所など建設業の営業を行うべき場所を有し、電話、机等を備えていることが必要とされています。

　なお、ある営業所における建設工事請負契約に基づく建設工事は、当該営業所が所在する都道府県の区域以外の地域においても施工することができます。

（軽微な建設工事と営業所）

500万円未満の軽微な建設工事の請負契約については、許可業者であっても、許可を受け業種の届け出をした営業所以外の店舗等で契約締結してもよいのではないですか。

　建設業許可を受けた業種については、軽微な建設工事のみを請け負う場合であっても、届出をしている営業所以外においては当該業種について営業することはできないとされています。軽微な建設工事であっても、許可を受けた業種の建設工事請負契約を、営業所の届け出をしていない店舗等で契約締結することはできません。

（営業所と業務内容）

我が社には、営業所の登録がされていない支店にも監理技術者や主任技術者資格のある社員が大勢います。このように技術者が実質的に常勤している支店においては、建設請負工事を前提とした積算や見積りを行ってもよいのではないですか。

　建設業者は、その営業所ごとに、専任技術者を置かなければならないこととされています（建設業法第7条第2号）。

　これは、建設工事請負契約の適正な締結や、その履行を確保するためには、各営業所ごとに許可を受けて営業しようとする建設業に係る建設工事についての技術者を置くことが必要であり、また、そこに置かれる者は常時その営業所に勤務していることが必要であるからであり、必ず専任技術者がいることが法的に担保されていることが営業所の制度としての前提になります。

　したがって、専任技術者の設置を法的に義務付けられている営業所でなければ、建設工事請負契約の見積り、入札、契約締結等建設工事請負契約の締結に係る行為を行うことはできません。

（営業所と資材調達）

  建設工事に関する資材調達契約も、営業所で締結しなければならないのでしょうか。

A

　営業所とは、本店又は支店若しくは常時建設工事の請負契約を締結する事務所とされており、営業所ではない事務所等では、建設工事請負契約の見積り、入札、契約締結等建設工事請負契約の締結に係る行為を行うことはできません。

　しかしながら、資材調達契約や役務契約は、工事請負契約の見積り、入札、契約締結等請負契約の締結に係る行為ではありませんので、営業所ではない事務所等でも行うことができます。

　なお、資材調達契約や役務契約などのいかなる名義で契約をした場合においても、その内容が実質的に報酬を得て建設工事を完成することを目的とした契約となっている場合には、建設工事の請負契約とみなされます（建設業法第24条）ので、このような契約は営業所でしか締結できません。

（営業所と建設工事請負契約）

 建設工事に関する元請契約を締結した営業所と下請
契約を締結した営業所が異なっていると違反になり
ますか。

　建設工事に関する元請契約を締結した営業所と下請契約を締結した営業所
が異なっていても問題ありません。なお、施工体制台帳では、元請契約を締
結した営業所と下請契約を締結した営業所の記載欄を分けており、これらの
営業所が同じ場合には同じ営業所を記載し、異なる場合には各々別の営業所
を記載することを前提とした書式となっています。

（店舗の標識）

建設業許可を受けた建設業者は、その店舗に標識を掲げること等が必要ですが、具体的にどうすればよいのでしょうか。

（標識の掲示）

　建設業許可を受けた建設業者は、すべての店舗について店舗ごとに、一定の標識を掲げなければなりません。

　この標識には、一定の項目を記載し、定められた様式に従って作成しなければならず、その大きさも決められています。標識の設置場所は、一般の人（公衆）が見易い場所でなければなりません（建設業法第40条）。

　なお、この店舗で営業している建設業の項目の欄（⑤）には、専任技術者を配置した営業所ごとの許可業種を記載します。その他の項目の欄（①～④）は、本店、営業所ともに共通であり、許可業種の記載欄（②）には、当該建設業者が許可を得ている全ての業種について記載します。

①　一般建設業又は特定建設業の別
②　許可年月日、許可番号及び許可を受けた建設業
③　商号又は名称
④　代表者の氏名
⑤　この店舗で営業している建設業の業種

○店舗に掲げる場合

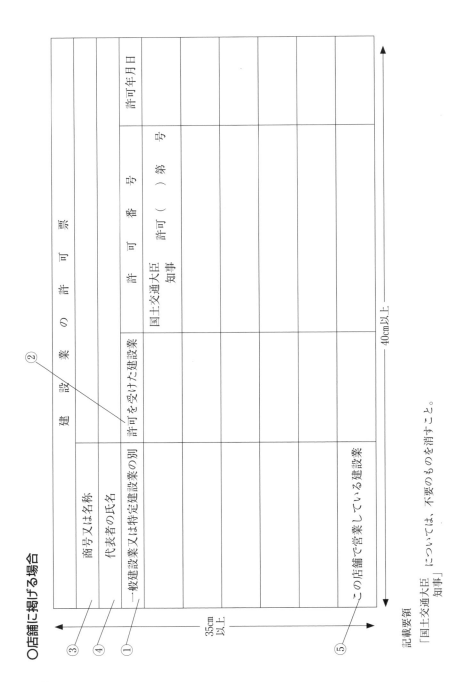

建 設 業 の 許 可 票			
商号又は名称			
代表者の氏名			
一般建設業又は特定建設業の別	許可を受けた建設業	許 可 番 号 国土交通大臣 許可（　）第　　号 知事	許可年月日
この店舗で営業している建設業			

③ 商号又は名称
④ 代表者の氏名
① 一般建設業又は特定建設業の別
② 許可を受けた建設業
⑤ この店舗で営業している建設業

35cm以上

40cm以上

記載要領
「国土交通大臣」については、不要のものを消すこと。
知事

60

（建設工事現場の標識）

建設業許可を受けた建設業者は、その建設工事現場に標識を掲げなれればならないとのことですが、具体的にどうすればよいのでしょうか。また、建設工事現場では、多くの下請人が工事することになる場合も多く、そのような場合には元請負人だけが標識を掲げれば、一次下請以下の下請負人は掲示を省略することができませんか。

（標識の掲示）

　発注者から直接建設工事を請け負った元請負人である建設業者は、その建設工事の現場ごとに、一定の標識を掲示しなければなければなりません。

　ただし、下請負人は、標識を掲示する必要がありません。

　標識の掲示を求める趣旨は、次の点にあります。

・その建設業の営業や建設工事の施工が、建設業法による許可を受けた適法な業者によってなされていることを対外的に明らかにさせようとする

・建設工事の施工が、場所的には移動的であり時間的には一時的であるということから責任の所在を明らかにして安全施工や災害防止等を図る

　なお、この標識は、一定の項目を記載し、定められた様式に従って作成しなければならず、その大きさも決まっています。標識の設置場所も一般の人（公衆）が見易い場所でなければなりません（建設業法第40条）。

① 一般建設業又は特定建設業の別

② 許可年月日、許可番号及び許可を受けた建設業

③ 商号又は名称

④ 代表者の氏名

⑤ 主任技術者又は監理技術者の氏名

○建設工事の現場に掲げる場合

建 設 業 の 許 可 票		
③ 商号又は名称		
④ 代表者の氏名		
⑤ 主任技術者の氏名	専任の有無	
資格名	資格者証交付番号	
① 一般建設業又は特定建設業の別		
② 許可を受けた建設業		
許可番号	国土交通大臣 ○○○○知事	許可（　　　）第　　　号
許可年月日		

25cm以上

◀── 35cm以上 ──▶

◎記載要領

1　「主任技術者の氏名」の欄は、法第26条第2項の規定に該当する場合には、「主任技術者の氏名」を「監理技術者の氏名」とし、その監理技術者の氏名を記載すること。

2　「専任の有無」の欄は、法第26条第3項の規定に該当する場合に、「専任」と記載し、同項ただし書に該当する場合には、「非専任（監理技術者を補佐する者を配置）」と記載すること。

3　「資格名」の欄は、当該主任技術者又は監理技術者が法第7条第2号ハ又は法第15条第2号イに該当する者である場合に、その者が有する資格等を記載すること。

4　「資格者証交付番号」の欄は、法第26条第5項に該当する場合に、当該監理技術者が有する資格者証の交付番号を記載すること。

5　「許可を受けた建設業」の欄には、当該建設工事の現場で行っている建設工事にかかる許可を受けた建設業を記載すること。

6　「国土交通大臣」「知事」については不要のものを消すこと。

（帳簿の作成）

建設業の許可を受けた建設業者は、営業所ごとに帳簿を備付け、保存しなければならないといわれましたが、どのように作成すればよいのですか。

（帳簿の備付け）

　営業所には、その営業に関する事項で次の一定の事項を記載した帳簿を作成し、添付書類とともに5年間（住宅の新築工事は10年間）保存しなければなりません（建設業法第40条の3）。

○帳簿の記載事項

1　営業所の代表者の氏名、代表者となった年月日

2　注文者と締結した建設工事の請負契約に関する次の事項

（1）　請け負った建設工事の名称、工事現場の所在地

（2）　注文者との契約日

（3）　注文者の商号、住所、許可番号

（4）　注文者から受けた完成検査の年月日

（5）　工事目的物を注文者に引き渡した年月日

3　発注者（宅地建物取引業者を除く。）と締結した住宅を新築する建設工事の請負契約に関する次に掲げる事項

（1）　当該住宅の床面積

（2）　当該住宅が特定住宅瑕疵担保責任の履行の確保等に関する法律施行令第3条第1項の建設新築住宅であるときは、同項の書面に記載された2以上の建設業者それぞれの建設瑕疵負担割合（同項に規定する建設瑕疵負担割合をいう。以下この号において同じ。）の合計に対する当該建設業者の建設瑕疵負担割合の割合

（3）　当該住宅について、住宅瑕疵担保責任保険法人と住宅建設瑕疵担保責任保険契約を締結し、保険証券又はこれに代わるべき書面を発注者に交

付しているときは、当該住宅瑕疵担保責任保険法人の名称
4　下請負人と締結した下請契約に関する事項
　(1)　下請負人に請け負わせた建設工事の名称、工事現場の所在地
　(2)　下請負人との契約日
　(3)　下請負人の商号又は名称、住所、許可番号
　(4)　下請工事の完成を確認するために「自社が行った検査」の年月日
　(5)　下請工事の目的物について「下請業者から引き渡しを受けた」年月日
　　　※特定建設業の許可を受けているものが注文者（元請工事に限らない。）
　　　　となって、一般建設業者（資本金が4,000万円以上の法人企業を除
　　　　く。）に建設工事を下請負した場合には、以下の事項についても記載
　　　　が必要となります。
　　　①　支払った下請代金の額、支払った年月日及び支払の手段
　　　②　下請代金の支払につき手形を交付したときは、その手形の金額、
　　　　交付年月日、満期
　　　③　下請代金の一部を支払ったときは、その後の下請代金の残高
　　　④　下請負人からの引き渡しの申出から50日を経過した場合に発生す
　　　　る遅延利息を支払ったときは、遅延利息の額及び支払年月日

○帳簿の添付書類
1　契約書、変更契約書又はその写し
2　特定建設業者が一般建設業者へ建設工事を下請させた場合、支払った下
　請代金の額、支払った年月日及び支払の手段を証明する書類（領収書等）
　又はその写し
3　請け負った建設工事が、施工体制台帳を作成しなければならないもので
　ある場合、当該施工体制台帳のうち次の事項が記載された部分
　　なお、施工体制台帳全部を添付することでも差し支えない。
　(1)　実際に工事現場に置いた主任技術者、監理技術者、監理技術者補佐の
　　　氏名及びその有する主任技術者資格、監理技術者資格、監理技術者補佐
　　　資格
　(2)　専門技術者を置いた場合は、その者の氏名、その者が管理した建設工

事の内容及び有する主任技術者資格

(3)　下請負人の名称、建設業許可番号（下請負人が建設業者であるとき）

(4)　下請負人に請け負わせた建設工事の内容及び工期

(5)　下請負人が工事現場に置いた主任技術者の氏名及びその有する主任技術者資格

(6)　下請負人が主任技術者以外に専門技術者を置いた場合は、その者の氏名、その者が管理した建設工事の内容及び有する主任技術者資格

〇保存義務のある営業に関する図書

　発注者から直接建設工事を請け負った元請業者は、紛争の解決の円滑化に資する書類として、次の図書の10年間保存が義務付けられています。

(1)　完成図（工事目的物の完成時の状況を表した図）

(2)　発注者との打合せ記録（工事内容に関するものであって、当事者間で相互に交付されたものに限る）

(3)　施工体系図（法令上、作成義務のある建設工事に限る）

（電子帳簿）

2-39 営業所の帳簿を電子ファイルで作成し、保存しても
よいですか。

　営業所には、その営業に関する事項で一定の事項を記載した帳簿を作成
し、添付書類とともに５年間（住宅の新築工事は10年間）保存しなければな
りません（建設業法第40条の３）。

　これらの帳簿に記載されなければならない一定の事項が、パソコンに備え
られたファイル又は磁気ディスク等に記録され、必要に応じて当該営業所に
おいてパソコンその他の機器を用いて明確に紙面に表示されるときは、当該
記録を帳簿の記載に代えることができるとされています（同法施行規則第26
条第６項）。

　なお、添付書類についても、同様の取扱がなされています（同法施行規則
第26条第７項、８項）。

（帳簿の備付け）

帳簿は、全営業所に備付け、保存しなければならないのですか。本社で一括して保存することができませんか。また、帳簿の添付書類である契約書等をバインダーを用いて整理し、これをもって帳簿ということにしたいと思いますが、これとは別に更に、帳簿の記載事項とされている項目を整理した書面を、作成する必要があるのでしょうか。

（帳簿の備付け）

　各々の営業所は、当該営業所で締結した建設工事請負契約に関する事項などの一定の営業に関する事項を記載した帳簿を備え、5年間保存しなければなりません（建設業法第40条の3）。

　帳簿は、各々の営業所で契約したことの証拠となるもので、各営業所において保管されるべきものですから、一括して本社等に保存することはできません。

　また、帳簿は、一定の項目について書面にまとめて記載することが予定されており、単に契約書等のいわゆる添付書類を綴じたものだけを作成し、これに代えることはできません。

3 経営事項審査制度

（経営事項審査）

Q 3-1 「経審（ケイシン）」とはどういうことですか。

A

① 「ケイシン」とは、経営事項審査の略称で、公共工事の入札に参加する建設業者の企業力（企業規模など）を審査する制度です。全国一律の基準によって審査され、項目別に点数化された客観的な評点は、公共工事の発注機関が業者選定を行う際の重要な資料として利用されています。

② 経営事項審査制度は、昭和25年から実施された「工事施工能力審査」を前身とし、昭和36年の建設業法改正の際に法制化され、昭和48年10月の改正で現在の名称に改められました。審査項目や評点の数値化についても制定以来、数多くの改正がありました。

平成6年の改正によって、公共工事の入札に参加しようとする建設業者は「その経営に関する客観的事項について審査を受けなければならない」（同法第27条の23第1項）と定められました。

平成16年3月の改正で、それまで指定機関によって行われていた経営状況分析が、登録機関による分析となり、民間に開放されました。また、あわせて経審も経営規模等評価申請と、総合評定値請求に分けられ、申請者が総合評定値の結果算出を求めるかどうかを選択できるようになりました。

最近の主な経営事項審査項目の改正項目としては、次のものがあります。

① 技術職員の数（Z点　技術力）について
・建設キャリアアップシステムを活用して建設技能者の能力を4段階で評価する制度において、レベル4と判定された技能者は3点、レベル3と判定された技能者は2点が加点対象とされています。

・監理技術者を補佐する者として配置される1級の「技士補」が4点の加点対象とされています。

② 建設工事の担い手の育成及び確保に関する取組の状況（W点　社会性等）

・従来の「労働福祉の状況」「若年の技術者及び技能者の育成及び確保の状況」「知識・技能の向上に関する取組の状況」に新設した「ワーク・ライフ・バランス（WLB）に関する取組」「CCUS の活用状況」をあわせて評価することとされています。

③ 建設業の経理の状況（W点　社会性等）について

・公認会計士や税理士、あるいは登録経理試験に合格した者で、必要な講習を受講した者等による会計のチェックがなされている場合、そのようなものを社内で雇用している場合に加点対象とされています。

　なお、公共工事の入札参加資格を得るためには、「入札参加資格要件」「客観的事項」「主観的事項」などの項目による資格審査を受けることになります。入札参加資格要件に該当しない場合は、それだけで失格となります。入札参加資格要件に合致した建設業者は客観的事項と主観的事項の審査を受けます。この客観的事項の審査が経審で、経営規模、経営状況、技術力など企業の総合力を客観的な基準で審査するものです。

建設業者と経審の関係

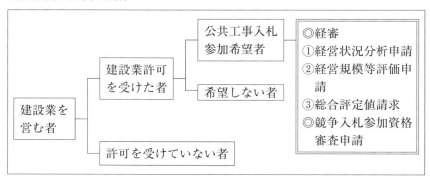

（経営事項審査制度の内容）

公共工事の受注には、経営事項審査を受けていることが必要とのことですが、経営事項審査制度の内容について教えてください。

　応急復旧工事等の特別のケースを除いて、国、地方公共団体等が発注する施設又は工作物に関する建設工事で、建築一式工事にあっては1,500万円以上、その他の工事にあっては500万円以上のものを発注者から直接請け負おうとする建設業者は、その経営に関する客観的事項について審査（これを「経営事項審査」といいます。）を受けなければなりません（建設業法第27条の23）。

　この経営事項審査は、次の事項についての数値による評価で行われます。

① 　経営状況

② 　経営規模、技術力、その他の審査項目（社会性等）

　具体的には、完成工事高等の項目ごとに、その数値に基づいて評点化し、それを重みづけして合計する仕組みになっています。

　このうち、①の経営状況については、財務諸表等を基に負債抵抗力の指標、収益性・効率性の指標、絶対的力量の指標、財務健全の指標を計算し、評点を算出します。

　②の経営規模等の客観的事項については、審査を申請する工事種類ごとの一定期間の年間平均完成工事高や自己資本額及び利益額、技術職員数や元請完成工事高などから評点を算出します。

　経営事項審査の結果については、平成10年から公表されています。

　なお、公共工事の発注者は、発注に際してこれらの客観的事項の評点を合計した総合評定値を活用するほか、工事成績、特別な工事の実施状況等の主観的事項についても審査し、あわせて判断資料としています。

経営事項審査は公共工事を発注者から直接請け負おうとする場合、
必ず受けなければならないものです。

$$総合評定値（P）＝0.25X_1＋0.15X_2＋0.20Y$$
$$＋0.25Z＋0.15W$$

ウェイト比

		ウェイト比
X_1	完成工事高の評点 （工事種類別年間平均完成工事高）	25
X_2	自己資本額及び平均利益額の評点	15
Y	経営状況の評点 （総資本売上総利益率、自己資本比率等の8指標）	20
Z	技術力の評点 建設業の種類別技術職員数 工事種類別年間平均元請完成工事高	25
W	その他の審査項目（社会性等）の評点 　建設工事の担い手の育成及び確保に関 　する取組の状況 　建設業の営業年数 　防災活動への貢献の状況 　法令遵守の状況 　建設業の経理の状況 　研究開発の状況 　建設機械の保有状況 　国又は国際標準化機構が定めた規格に 　よる登録の状況	15

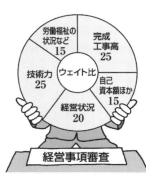

（経営事項審査が必要な工事）

公共工事を発注者から直接請け負うときに、経営事項審査の受審が義務付けられているものがあると聞きましたが、どういうことですか。

　建設業法では、公共性のある施設又は工作物に関する建設工事で政令で定めるものを発注者から直接請け負おうとする建設業者は、経営に関する客観的事項について審査を受けなければならないとされています。

　公共性のある施設又は工作物に関する建設工事で政令（同法施行令第45条）で定めるものとは、次のものです。

○国

○地方公共団体

○法人税法（昭和40年法律第34号）別表第1に掲げる公共法人

○国土交通省令で定める法人

　　が発注する建設工事であり、かつ、

　工事一件の請負代金の額が500万円（当該建設工事が建築一式工事である場合にあっては、1,500万円）以上のものであつて、次に掲げる建設工事以外のもの

1　堤防の欠壊、道路の埋没、電気設備の故障その他施設又は工作物の破壊、埋没等で、これを放置するときは、著しい被害を生ずるおそれのあるものによって必要を生じた応急の建設工事

2　前号に掲げるもののほか、経営事項審査を受けていない建設業者が発注者から直接請け負うことについて緊急の必要その他やむを得ない事情があるものとして国土交通大臣が指定する建設工事

＊　具体的な法人名等については、「建設業法遵守の手引」（公益財団法人　建設業適正取引推進機構発行）掲載の資料を確認してください。

Q 3-4 経営事項審査を受けようと考えていますが、どのようにすればよいのでしょうか。

　経営事項審査は、

① 　経営状況

② 　経営規模、技術力、その他の審査項目（社会性等）

について行われます。

　このうち、①の経営状況の審査については、国土交通大臣が登録する登録経営状況分析機関に申請することとなります。また、②の経営規模、技術力、その他の審査項目（社会性等）の客観的事項の審査については、建設業の許可をした行政庁（国土交通大臣又は都道府県知事）に申請することとなります（建設業法第27条の24、第27条の26）。

　申請は、所定の申請書に必要な書類を添付して行いますが、申請に当たっては、手数料が必要です。許可行政庁の審査については、一律に政令で定められていますが、①の経営状況の審査については、それぞれの登録経営状況分析機関が手数料を定めることとなっています。

　また、総合評定値の算定を申請する場合は、②の経営規模、技術力、その他の審査項目（社会性等）の客観的事項についての審査の申請と併せて行いますが、その際には、登録経営状況分析機関から通知を受けた①の経営状況についての審査結果を添付することとされています。

経営事項審査の手続の流れ

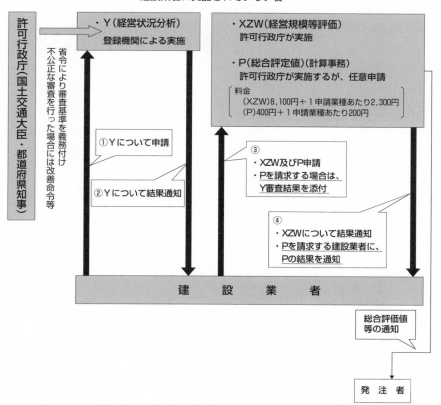

登録　法定要件　・電子計算機及び経営状況分析に必要なプログラムを保有
　　　　　　　　・建設業者に支配されていない者

許可行政庁（国土交通大臣・都道府県知事）

省令により審査基準を義務付け
不公正な審査を行った場合には改善命令等

・Y（経営状況分析）
　登録機関による実施

・XZW（経営規模等評価）
　許可行政庁が実施

・P（総合評定値）（計算事務）
　許可行政庁が実施するが、任意申請

料金
（XZW）8,100円＋1申請業種あたり2,300円
（P）400円＋1申請業種あたり200円

①Yについて申請

②Yについて結果通知

③
・XZW及びP申請
・Pを請求する場合は、
　Y審査結果を添付

④
・XZWについて結果通知
・Pを請求する建設業者に、
　Pの結果を通知

建　設　業　者

総合評価値
等の通知

発　注　者

3-5 経営事項審査は、毎年受ける必要がありますか。2年に一度では何か支障があるのでしょうか。

　公共工事を発注者から直接請け負う建設業者は、当該公共工事について発注者と請負契約を締結する日の1年7か月前の直後の事業年度終了の日以降に経営事項審査を受けていなければならないとされています（建設業法施行規則第18条の2）。

　したがって、公共工事について請負契約を締結できるのは、経営事項審査を受けた後その経営事項審査の申請の直前の事業年度終了の日から1年7か月間に限られることから、毎年公共工事を直接請け負う建設業者は、審査基準日から公共工事を請け負うことができる期間が切れ目なく継続するように、毎年定期に十分なゆとりを持って経営事項審査を受けることが必要です。

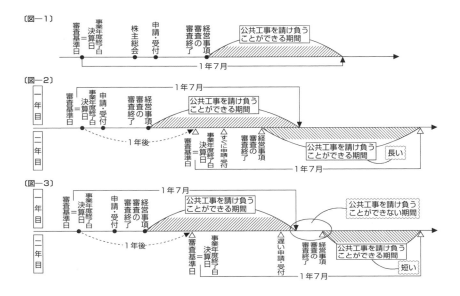

（工事実績等）

次のような工事実績等は、経営事項審査ではどのように取り扱われるのですか。
① 共同企業体（JV）で施工した工事
② 維持修繕や保守点検
③ 出向社員である技術者
④ 一括下請した工事

　経営事項審査においては、建設業者の工事実績等に基づき完成工事高等の評価が行われますが、設問の工事実績等については、次のように取り扱われます。

① 共同企業体（JV）で施工した工事

　共同施工方式（甲型）のJVで施工した工事については、工事請負代金に各構成員の出資比率を乗じて得た額が完成工事高とされます。

　また、分担施工方式（乙型）のJVで施工した工事については、当該JVの運営委員会で定めた各構成員の分担工事の額が完成工事高とされます。

② 維持修繕や保守点検

　完成工事高に計上できるのは、建設工事に該当するものです。単なる「定期点検」、「保守」等は、建設工事に該当しないと思われますので、完成工事高には計上できないこととなります。

　ただし、契約の名称がこれらのものであっても、内装や配線、配管の変更等を伴うような建設工事の完成を目的とするものについては、建設工事の請負契約とみなされますので（建設業法第24条）、この場合は完成工事高に計上できます。

③ 出向社員である技術者

技術力の評点は、建設業の種類別の技術職員数とその職員が有する資格を基に評価されますが、対象とされる技術職員は、その建設業者と審査基準日以前に6か月を越える恒常的な雇用関係があり、雇用期間を特に限定することなく常時雇用されているものでなければなりません。

この要件を満たしている他の企業からの在籍出向者は、出向先の建設業者において評点が計上されます。

④　一括下請した工事

一括下請負を行った建設業者は、当該工事を実質的に行っていると認められないため、経営事項審査における完成工事高に当該建設工事に係る金額を含むことは認められません。

完成工事高の取扱例

単体で20億円の実績がある企業が、更に、甲型JV（10億円の工事で出資比率40％）と乙型JV（8億円の工事で分担工事額3億円）の実績がある場合、次のようになります。

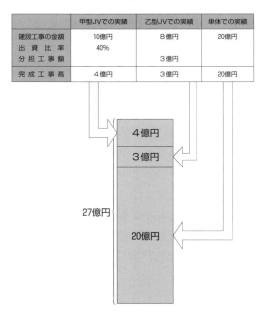

	甲型JVでの実績	乙型JVでの実績	単体での実績
建設工事の金額 出 資 比 率 分 担 工 事 額	10億円 40％	8億円 3億円	20億円
完 成 工 事 高	4億円	3億円	20億円

4億円

3億円

27億円

20億円

企業としての完成工事高合計　4億円＋3億円＋20億円＝27億円

4　請負契約・紛争処理

（建設工事の請負）

建設工事の請負について、その性質や対象となる工事の範囲について教えてください。

A

　請負とは、当事者の一方がある仕事を完成することを約し、相手方がその仕事の結果に対して報酬を支払うことを約する契約です（民法第632条）。

　この請負と類似の概念としては、雇用（雇傭）や委任があります。

　雇用（雇傭）は、当事者の一方が相手方に対して労働に従事することを約し、相手方がこれに対して報酬を支払うことを約する契約であり、仕事の完成についてのリスクを負担するものではありません（同法第623条）。

　委任は、当事者の一方が法律行為をすることを相手方に委託する契約であって、仕事の完成を内容とする請負とは異なり、仕事の完成がなくても履行の割合に応じて報酬を請求することができるものとされています（同法第643条）。

　ところが、現実に締結される契約は、建設工事の完成を目的とするものであっても、必ずしも請負という名義を用いていない場合もあることから、建設業法では、脱法行為を防ぐ目的で、委託、雇用（雇傭）、委任その他のいかなる名義を用いるものであろうと、実質的に報酬を得て建設工事の完成を目的として締結する契約はすべて建設工事の請負契約とみなしてこの法律を適用することとしています（建設業法第24条）。

　なお、売買契約と請負契約の混合契約と考えられるいわゆる製作物供給契約により建設工事の完成を約する場合は、建設工事の請負契約に該当すると解釈されています。

報酬を得て建設工事の完成を約束
すると「委託」などの名義であっ
ても、建設工事の請負契約とみな
されます。

（単価契約）

 コンクリートポンプ打設等では日々の単価契約で行うことが多いのですが、このような契約の場合の取扱いについて教えてください。

　単価契約の場合も、実質的に建設工事の完成を目的として締結されているものであれば、建設工事の請負契約とみなされます（建設業法第24条）。

　生コン輸送業者に型枠へのコンクリート圧送や打設を含んだ業務の契約をするような場合も、建設工事の請負契約に該当します。

　したがって、コンクリートポンプ打設で単価契約とする場合も、1件の工事に係る全体の量をまとめて1つの契約とする場合も、建設工事の請負契約であることに変わりがありません。

　また、主任技術者等の設置や施工体制台帳の記載などについてもその対象となります。

　なお、単価契約の場合において、建設業の許可を必要としない軽微な建設工事に該当するかどうかは、全体の請負金額で判断されることに注意が必要です。

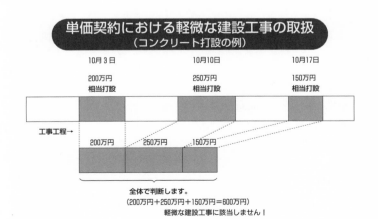

単価契約における軽微な建設工事の取扱
（コンクリート打設の例）

10月3日　200万円相当打設
10月10日　250万円相当打設
10月17日　150万円相当打設

工事工程→

200万円　250万円　150万円

全体で判断します。
（200万円＋250万円＋150万円＝600万円）
軽微な建設工事に該当しません！

（リース契約・委託契約）

Q 4-3 建設機械のオペレーター付リース契約、電気設備・消防施設等の保守点検工事は建設業法でいう建設工事に該当しますか。

（建設機械のオペレーター付リース契約）

　建設機械のリース契約でも、オペレーターが行う行為は建設工事の完成を目的とした行為と考えられ、建設工事の請負契約に該当します。

　また、この場合のオペレーターは、通常労働者派遣法で禁止されている建設業務への労働者派遣に該当します。

（既存の電気設備・消防施設等の保守点検工事）

　建設工事の目的物として作られた設備に対して、機能の維持を目的とした作業が行われることがありますが、このうち、設備の機能を向上させたり、劣化した設備の機能を回復させるものであれば、作業の内容が軽微なものであっても、一般的には建設工事に該当します。

　一方、設備の動作状態や劣化の程度を調査したり、消耗品等の予防交換、清掃といった作業であればクレーン等を使用したとしても、一般的には建設工事には該当しません。

（建設工事に該当しない業務）
・剪定、除草、草刈、伐採、除雪
・保守、点検、消耗部品の交換
・運搬、残土搬出、埋蔵文化財発掘
・土地に定着しない動産に係る作業
・調査、測量、設計
・警備
※建設工事に該当するかどうかは、発注者との契約内容、作業の内容により

判断されるため、個別の具体的な事例については、事前に行政庁に確認することが望まれます。

（建設工事請負契約書の作成）

 建設工事請負契約書は、どのような建設工事を施工するときでも、作成しなければなりませんか。例えば、少額で簡単な追加工事については、当初契約以外の変更契約は締結する必要がないのではないですか。

　建設工事の請負契約の当事者は、契約の締結に際して工事内容等15の事項を書面に記載して、署名又は記名押印して相互に交換しなければならないとされており、また、請負契約の内容でこれらの15の事項に該当するものを変更するときは、その変更の内容を書面に記載し、署名又は記名押印して相互交換しなければならないとされています（建設業法19条第1項、2項）。書面による契約書の作成についての例外は一切認められておらず、例えば少額で簡単な追加工事であつたとしても、変更契約書の作成が必要です。

（基本契約書・基本契約約款）

 建設工事請負契約を注文書・請書で締結してもよい場合について教えてください。

　請負契約を、注文書・請書による場合には、次の要件を満たした、基本契約書又は基本契約約款を作成することが必要です。

(1)　当事者間で基本契約書を締結した上で、具体の取引については注文書及び請書の交換による場合

　①　注文書及び請書には、工事内容、請負代金額、工期、工事を施工しない日又は時間帯の定めをするときはその内容、その他必要な事項を記載

　②　基本契約書には、注文書及び請書に記載された事項以外の建設業法第19条の規定項目に該当する事項その他必要な事項を記載し、当事者の署名又は記名押印をして相互に交付

　③　注文書及び請書には、注文書及び請書に記載されている事項以外の事項については基本契約書の定めによるべきことを明記

　④　注文書には注文者が、請書には請負者がそれぞれ署名押印

(2)　注文書及び請書の交換のみによる場合

　①　注文書及び請書のそれぞれに、同内容の契約約款を添付又は印刷

　②　注文書及び請書には、工事内容、請負代金額、工期その他必要な事項を記載

　③　契約約款には、注文書及び請書に記載された事項以外の建設業法第19条の規定項目に該当する事項その他必要な事項を記載

　④　注文書又は請書と契約約款が複数枚に及ぶ場合には割印

　⑤　注文書及び請書には、注文書及び請書に記載されている事項以外の事項については契約約款の定めによるべきことを明記

　⑥　注文書には注文者が、請書には請負者がそれぞれ署名押印

❶ （注 文 書・請 書）＋（基 本 契 約 書）

❷ （注 文 書・請 書）＋（基本契約約款）

（注） 契約書記載事項の15項目は必ず記載

（市販の建設工事請負契約書）

市販されている建設工事請負契約書の書式の中に、15項目の必要記載事項が記載されていないものがありますが、広く市販されている契約書ですから、建設業法違反にはならないと考えていますが如何でしょうか。

　広く市販されている契約書式であっても、必ずしも建設業法において規定されている事項が契約条項に反映されていないものもありますので、その内容を確認して適切な契約書を用いることが必要です。

　国土交通省中央建設業審議会が作成し、実施を勧告している民間工事標準請負契約約款（甲）・（乙）、建設工事標準下請契約約款等のいわゆる標準約款がありますので、これらを活用し、又は参考にして、建設業法に違反しない契約書を用いて契約してください。

**標準請負契約約款というものがあると聞きました
が、これにはどのような約款があるのですか。ま
た、それはどのような内容のものですか。**

A

　建設工事請負契約の締結に当たって利用される契約約款としては、国土交
通省中央建設業審議会により作成されたものとして公共工事標準請負契約約
款、民間工事標準請負契約約款（甲）・（乙）、建設工事標準下請契約約款が
あり、これ以外に民間工事に用いるために作成された民間（旧四会）連合協
定工事請負契約約款があります。

　建設工事請負契約の締結にあたっては、契約の当事者は、各々の対等な立
場における合意に基づいて公正な契約を締結（建設業法第18条）しなければ
なりませんし、契約の締結に際して書面に記載しなければならない15の項目
も定められています（同法第19条）。

　建設業法が建設工事請負契約の締結に当たって要請しているこれらの趣旨
を踏まえたものが、公共工事標準請負契約約款、民間工事標準請負契約約款
（甲）・（乙）、建設工事標準下請契約約款等の標準請負契約約款です。

（標準請負契約約款の令和元年改正の内容）

 令和2年4月に施行された改正民法を踏まえ、標準請負契約約款は、どこが変わったのですか。

(1)　譲渡制限特約

　改正民法においては、譲渡制限特約が付されていても、債権の譲渡の効力は妨げられないとされました。

　標準約款では、譲渡制限特約は維持した上で、

　・公共約款については、前払、部分払等によってもなお工事の施工に必要な資金が不足する場合には発注者は譲渡の承諾をしなければならないこととする条文

　・民間約款については、資金調達目的の場合には譲渡を認めることとする条文

を選択して使用できることとされています。

　併せて、譲渡制限特約に違反した場合や資金調達目的で譲渡したときにその資金を当該工事の施工以外に使用した場合に、契約を解除できることとされています。

(2)　契約不適合責任

　改正民法において、「瑕疵」が「契約の内容に適合しないもの」と文言が改められ、その場合の責任として履行の追完と代金の減額請求が規定されたことを踏まえ、標準約款も同様に変更されています。

(3)　契約の解除

　改正民法において、瑕疵に関する建物・土地に係る契約解除の制限規定が削除されたことや双方の責めに帰すべき事由でないときであっても契約を解除できることとされたことを踏まえ、催告解除と無催告解除を整理した上で契約解除が再規定されています。

(4)　契約不適合責任の担保期間

　木造等の工作物又は地盤や石造、コンクリート造等の工作物といった材質

の違いによる担保期間は民法上廃止されたことを踏まえ、標準約款において契約不適合の責任期間を引渡しから２年とし、設備機器等についてはその性質から１年とされています。

※引渡しから２年（設備機器等１年）の期間内に通知をすれば、通知から１年間は当該期間を過ぎても請求可能です。

（労働契約）

 人材派遣会社から労働者派遣法による労働者派遣を受けることについては問題ないのでしょうか。

　労働者派遣は、自己の雇用する労働者を、当該雇用関係の下に、かつ、他人の指揮命令を受けて、当該他人のために労働に従事させること（労働者派遣事業の適正な運営の確保及び派遣労働者の保護等に関する法律（以下「労働者派遣法」という。）第2条第1号）と規定されています。

　また、これを業として行う労働者派遣事業（同法第4条第1項）について禁止される業務が定められており、当該禁止対象業務として、建設業務（土木、建築その他工作物の建設、改造、保存、修理、変更、破壊若しくは解体の作業又はこれらの作業の準備の作業に係る業務をいう。）（同項第2号）が掲げられています。

　したがって、建設工事現場への労務提供が、建設工事の請負契約に依らないで行われる場合には、労働者派遣法違反となるおそれがあります。また、建設工事請負契約により建設工事の完成を請け負わせる場合には、建設業法の規制を受けることになります。

　ただし、厚生労働大臣から雇用管理の改善と労働力の受注調整を一体的に実施するための計画（実施計画）の認定を受けた事業者団体の構成員である建設業者が、その実施計画に従って行う建設業務労働者就業機会確保事業（建設労働者の雇用の改善等に関する法律第15条第2項）については、自己の雇用する常用労働者を、認定を受けた事業者団体の構成員である他の建設業者に一時的に送り出すことができます。

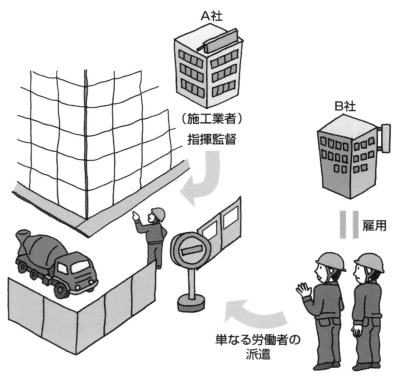

原則として、建設工事への単なる
労働者の派遣はできません。

（元請と下請）

建設業法には元請負人や下請負人という言葉がありますが、一次や二次の下請業者も元請負人になることがあるのですか。また、発注者と注文者の違いについても教えてください。

　元請負人とは、下請契約における注文者で建設業者であるものをいいます。

　下請負人とは、下請契約における請負人をいいます。

　下請契約とは、建設工事を他の者から請け負った建設業を営む者と他の建設業を営む者の間で締結される請負契約をいいます。

　したがって、一次の下請業者も二次の下請業者との関係では元請負人の立場に立ちますし、二次と三次、三次と四次との間も同様です。

　なお、建設業法で元請負人として規制が適用されるのは、許可業者だけですが、許可業者でない者も下請契約の注文者としての規制は適用されます。

　次に発注者と注文者の違いですが、発注者は、建設工事の注文者のうち他の者から請け負ったものを除くと定義されており、建設工事の最初の注文者（いわゆる施主）がこれに当たります。また、注文者とは、民法上の注文者をいい、下請関係におけるものも含まれます。

発注者・元請負人・下請負人について、建設業法では次のように定義され、通称や契約上の名称とは異なっています。

通　称	発注者(施主)	⬌	元請業者	⬌	一次下請	⬌	二次下請	⬌	三次下請
建設業法上	発　注　者	⬌	元請負人	⬌	下請負人 元請負人	⬌	下請負人 元請負人	⬌	下請負人
契　約　上	注　文　者 （発注者）	⬌	受　注　者 注　文　者 （発注者）	⬌	受　注　者 注　文　者 （発注者）	⬌	受　注　者 注　文　者 （発注者）	⬌	受　注　者

（建設業法令遵守ガイドライン）

 国土交通省から出されている建設業法令遵守ガイドラインとは、具体的にはどのようなものですか。

（策定の趣旨）

　元請負人と下請負人との関係に関してどのような行為が建設業法に違反するかを具体的に示すことにより、法律の不知による法令違反を防ぎ、元請負人と下請負人との対等な関係の構築及び公正かつ透明な取引の実現を図ることを目的に策定されたものです。（平成19年6月29日　国総建第100号　最終改正　令和4年8月）

（ガイドラインの内容）

　建設業の下請契約における取引の流れに沿った形で、見積条件の提示、契約締結といった項目について、留意すべき建設業法上の規定を解説するとともに、建設業法に抵触するおそれのある行為事例を提示しています。

1　見積条件の提示等（同法第20条第4項、第20条の2）
2　書面による契約締結
　2—1　当初契約（同法第18条、第19条第1項、第19条の3、第20条第1項）
　2—2　追加工事等に伴う追加・変更契約（同法第19条第2項、第19条の3）
3　工期
　3—1　著しく短い工期の禁止（同法第19条の5）
　3—2　工期変更に伴う変更契約（同法第19条第2項、第19条の3）
　3—3　工期変更に伴う増加費用（同法第19条第2項、第19条の3）
4　不当に低い請負代金（同法第19条の3）
5　原材料費等の高騰・納期遅延等の状況における適正な請負代金の設定及

（元請責任）

発注者から、建設業法の元請責任に違反すると指摘されました。そもそも元請責任とは、何でしょうか。

　発注者から直接建設工事を請け負った特定建設業者には、下請負人に対する建設業法等の法令遵守の指導を行うことが求められています。下請負人に対する指導は、具体的に違反事実を指摘することにより、下請負人が速やかに是正できるよう的確に行う必要があります。

　そして、下請負人が、是正指導に従わない場合には、当該下請負人の許可行政庁等に、その旨を速やかに通報しなければならないこととされています。この通報を怠ると、特定建設業者自身が建設業法の監督処分対象になることがあります（建設業法第24条の7）。

（見積条件の明確化）

 Q 4-13 見積条件は、具体的に提示しなければならないということですが、その内容について教えてください。

　建設工事の施工業者間で、施工責任の範囲及び施工条件が不明確だと、紛争が起こる要因ともなります。

　また、下請業者が工事を適正に見積るためには、元請負人から、工事見積条件が明示されていることや、下請負業者に見積り落とし等の問題が生じないよう検討する機会を与えて、請負代金の額の計算その他請負契約の締結に関する判断を行わせることが必要です。

　そこで、建設工事の見積依頼時には工事の内容となるべき重要な事項をできる限り具体的に提示しなければならないとされています（建設業法第20条第4項）。

（見積りに当たっては下請契約の具体的内容を提示することが必要）

　見積条件として提示しなければならない内容として、建設業法では、次の14の項目が定められています。

① 　工事内容（最低限明示の必要がある項目は次の8項目）
　　・工事名称
　　・施工場所
　　・設計図書（数量等を含む）
　　・下請工事の責任範囲
　　・下請工事の工程及び下請工事を含む工事の全体工程
　　・見積条件及び他工種との関係部位、特殊部分に関する事項
　　・施工環境、施工制約に関する事項
　　・材料費、労働災害防止対策、産業廃棄物処理等に係る元請下請間の費用負担区分に関する事項
② 　工事着手の時期及び工事完成の時期

③　工事を施工しない日又は時間帯の定めをするときは、その内容

④　請負代金の全部又は一部の前金払又は出来形部分に対する支払の定めをするときは、その支払の時期及び支払

⑤　当事者の一方から設計変更又は工事着手の延期若しくは工事の全部若しくは一部の中止の申出があった場合における工期の変更、請負代金の額の変更又は損害の負担及びそれらの算定方法に関する定め

⑥　天災その他不可抗力による工期の変更又は損害の負担及びその額の算定方法に関する定め

⑦　価格等の変動若しくは変更に基づく請負代金の額又は工事内容の変更

⑧　工事の施工により第三者が損害を受けた場合における賠償金の負担に関する定め

⑨　注文者が工事に使用する資材を提供し、又は建設機械その他の機械を貸与するときは、その内容及び方法に関する定め

⑩　注文者が工事の全部又は一部の完成を確認するための検査の時期及び方法並びに引渡しの時期

⑪　工事完成後における請負代金の支払の時期及び方法

⑫　工事の目的物が種類又は品質に関して契約の内容に適合しない場合におけるその不適合を担保すべき責任又は当該責任の履行に関して講ずべき保証保険契約の締結その他の措置に関する定めをするときは、その内容

⑬　各当事者の履行の遅滞その他債務の不履行の場合における遅延利息、違約金その他の損害金

⑭　契約に関する紛争の解決方法

（具体的内容が確定していない事項はその旨を明確に示すことが必要）

　元請負人は、上記に示した事項のうち具体的内容が確定していない事項がある場合については、その旨を明確に示さなければなりません。なお、正当な理由がないにもかかわらず、元請負人が、下請負人に対して契約までの間に具体的な内容を提示しない場合は、同法第20条第4項に違反するおそれがあります。

（見積条件の明確化のため、見積依頼は書面で行う）

　見積条件の明確化のためには、元請負人が見積条件を記載した書面を作成し、元請下請双方で保有する等が必要です。

（工期や請負代金額に影響を及ぼす事象についての情報提供が必要）

　元請負人には、契約を締結する前に、工期請負代金額に影響を及ぼす次のような事象に関して事前に知りえた情報については下請負人に提供しなければならないという義務があります。

　・地盤の沈下、地下埋設物による土壌の汚染その他の地中の状態に起因する事象

　・騒音、振動その他の周辺の環境に配慮が必要な事象

（工期等に影響を及ぼす注文者の事前情報）

注文者が、地下埋設物により土壌汚染があることを知りながら、受注予定者にその情報提供を行わない場合は、建設業法違反になりますか。

　注文者は、発注予定の建設工事について、地盤の沈下、地下埋設物による土壌の汚染その他の地中の状態に起因する事象、騒音、振動その他の周辺の環境に配慮が必要な事象が発生するおそれがあることを知っているときは、請負契約を締結するまでに、受注予定者に対して、必要な情報を提供しなければならないとされています（建設業法第20条の２）。

　注文者が、これらの情報を把握しているのにもかかわらず必要な情報を提供しなかった場合には、建設業法違反になります。

（見積期間）

請負契約を締結するにあたっての、見積期間の所要日数について教えてください。また、この見積期間の算定方法を、教えてください。

建設工事の注文者は、随意契約方式では契約を締結する前に、競争入札契約方式では入札の前に、工事内容や契約条件等をできるだけ具体的に示して、かつ、建設業者が請負に当たって適正な見積りをするために必要な見積期間を設けなければなりません（建設業法第20条第4項）。これは、建設業者間の下請契約の場合における元請負人についても同様です。

見積期間は、同法施行令第6条第1項で工事予定金額に応じて、次のとおり具体的な日数が定められています。

○　工事予定金額（1件）が500万円未満の場合

　　　中1日以上

○　工事予定金額（1件）が500万円以上5,000万円未満の場合

　　　中10日以上（やむを得ない事情がある場合は5日以上）

○　工事予定金額（1件）が5,000万円以上の場合

　　　中15日以上（やむを得ない事情がある場合は10日以上）

なお、この期間は、下請負人に対する契約内容の提示日から当該契約締結日までの間に空けなければならない期間です。たとえば「中1日以上」とあったら、契約締結日は契約内容提示日の翌々日以降でなければいけません。下請負人が見積りを行うための最短期間として設定されていますので、元請負人は、下請負人に対して十分な見積期間を設定することが必要です。

なお、国が行う競争入札の場合には、予算決算及び会計令第74条の規定により、入札期日の前日から起算して少なくとも10日前（急を要する場合は少なくとも5日前）までに、官報等で公告しなければならないこととされており、この期間が同法で必要とされる見積期間とみなされています（同令第6条第2項）。

　ところで、下請契約の場合においては、元請工事の入札前にあらかじめ元請負人が下請負人に簡単な見積りを依頼する場合がありますが、法律で定められている見積期間は、いわゆる下請工事の実施見積りのための期間です。したがって、見積期間は、元請負人から改めて依頼される実施見積りの依頼日を基に算定する必要があります。

請負契約の締結にあたっては、請負人が適切な見積りをするために必要な見積期間を設けなければなりません。

（見積期間と見積書提出日）

見積もりを依頼する際に、法定の見積期間を設定したのですが、下請負人が所定の見積もり期間の満了を待たずに見積書を提出してきました。この場合でも、契約は、法定の期間後に締結しなければなりませんか。

A

　見積期間は、下請負人に対する契約内容の提示から当該契約の締結までの間に設けなければならない期間です。この期間は、下請負人が所定の見積期間満了を待たず見積書を交付した場合を除き、所定の期間を空けなければならないとされていますので、この場合には結果的に法定の期間を空けていなくてもよいことになります（建設業法令遵守ガイドライン）。

　なお、見積期間は、法定の見積期間を与えたことが証明できるように、書面で提示し控えを保存することが必要です。

（見積書）

 請負契約を締結するにあたって、見積書はどのようなことに配慮して作成すればよいのでしょうか。

　建設業者が、建設工事請負契約を締結するときには、工事費の内訳を明らかにした見積りを行うよう努めなければなりません（建設業法第20条第1項）。

　社会保険や労働保険の加入の徹底のため、保険料がこれに含まれる法定福利費相当額を、見積書に明示すべきであるとされていることや、さらに、下請契約となるものについては、下請負人は、労働災害防止対策に要する経費や建設副産物の適正処理に要する経費を明示すべきであるとされていることに注意が必要です。

　また、見積書には、工事の工程ごとの作業及びその準備に必要な日数を明らかにするよう努めなければなりません（同法第20条第1項）。

　なお、建設工事の注文者から請求があったときには、建設業者は請負契約が成立するまでの間に見積書を「交付」しなければなりません（同法第20条第2項）。

（標準見積書）

監督官庁から、見積書は標準見積書になっています
かといわれました。標準見積書とは、どのような見
積書ですか。

　建設業者が、見積書を作成するときは、工事費の内訳を明らかにするとと
もに、社会保険や労働保険の加入の徹底のため、社会保険料がこれに含まれ
る法定福利費相当額を、見積書に明示すべきであるとされており、当該記載
のある見積書を標準見積書といいます。

（見積書と労働災害防止対策）

労働災害防止対策に関して見積書に記載しなければならないとされている事項の内容を教えてください。

　労働安全衛生法は、元請負人及び下請負人に対して、それぞれの立場に応じて、建設工事現場において労働安全対策を講ずることを義務付けており（同法第32条など）、そのためには経費の見積りが適切に行われることが必要です。

　これを受けて建設業法令遵守ガイドラインでは、次のことを行わなければならないとされています。

・元請負人は、見積条件の提示の際に労働災害防止対策の実施者及びそれに要する経緯の負担者の区分を明確にすること

・この区分をもとに、下請負人は、自ら負担しなければならない労働災害防止対策に要する経費を適切に見積もり、元請負人に提出する見積書に明示すること

・元請負人と下請負人は、契約書面の施工条件等に、労働災害防止対策の実施者及びそれに要する経費の負担者の区分を記載し明確にするとともに、下請負人が負担しなければならない労働災害防止対策に要する経費のうち、施工上必要な経費と切り離しがたいものを除き、労働災害防止対策を講ずるためのみに要する経費については、契約書面の内訳書などに明示すること

（工事請負契約書）

建設業法では、建設工事の請負契約は、一定の事項が記載された書面を交わさなければならないとされていますが、その記載事項について教えてください。

　建設工事の請負契約については、従来から、注文者が強い立場に立つ片務性が指摘されています。このため、建設業法では、①契約当事者の各々の対等な立場における合意に基づいて公正な契約を締結し、②信頼に従って誠実にこれを履行することを契約の基本原則として定めています（同法第18条）。

　また、民法では、請負契約は当事者の合意によって成立する諾成契約とされており、様式を必要としていませんが、口頭の契約では内容が不明確、不正確となり、後日紛争の原因となることから、建設業法では、工事の内容その他契約の内容となるべき重要な事項（工事の内容、時期に関する事項、請負代金の額、支払等に関する事項、損害の取扱いに関する事項などの15項目）は具体的に書面で取り決め、記名押印して相互に交付すべきことを定めています（同法第19条）。これらのことは、発注者と建設業者との契約のみならず、下請契約においても同様です。

　なお、国土交通省に設置されている中央建設業審議会では、公共工事、民間工事のそれぞれについて標準的なよりどころとなる標準請負契約約款を作成しています。また、下請契約のための標準請負契約約款も作成しています。

　同法に適合した契約としては、個々の工事ごとに工事内容に沿って契約書を作成する方法や、あらかじめ一定の期間に適用する基本的な契約書を作成した上で個別の工事発注ごとに注文書と注文請書を交わす方式のほか、注文書と注文請書のそれぞれに基本契約約款を印刷又は添付する方式も認められていますが、単なる注文書と請書の交換だけの方式は適法なものと認められていません。

契約書に記載しておかなければならない重要事項15項目

①工事内容

②請負代金の額

③工事着手の時期及び工事完成の時期

④工事を施工しない日又は時間帯の定めをするときは、その内容

⑤請負代金の全部又は一部の前金払又は出来形部分に対する支払の定めをするときは、その支払の時期及び方法

⑥当事者の一方から設計変更又は工事着手の延期若しくは工事の全部若しくは一部の中止の申出があった場合における工期の変更、請負代金の額の変更又は損害の負担及びそれらの額の算定方法に関する定め

⑦天災その他不可抗力による工期の変更又は損害の負担及びその額の算定方法に関する定め

⑧価格等の変動若しくは変更に基づく請負代金の額又は工事内容の変更

⑨工事の施工により第三者が損害を受けた場合における賠償金の負担に関する定め

⑩注文者が工事に使用する資材を提供し、又は建設機械その他の機械を貸与するときは、その内容及び方法に関する定め

⑪注文者が工事の全部又は一部の完成を確認するための検査の時期及び方法並びに引渡しの時期

⑫工事完成後における請負代金の支払の時期及び方法

⑬工事の目的物が種類又は品質に関して契約の内容に適合しない場合におけるその不適合を担保すべき責任又は当該責任の履行に関して講ずべき保証保険契約の締結その他の措置に関する定めをするときは、その内容

⑭各当事者の履行の遅滞その他債務の不履行の場合における遅延利息、違約金その他の損害金

⑮契約に関する紛争の解決方法

　建設業法では、基本的には両者の署名又は記名押印により契約書を作成することとされていますが、建設業者間の実際の取引形態を考慮し、上記の15項目を網羅した基本契約約款を添付して注文書・請書を相互に交付することも認められています。

公共工事・民間工事　とも

契約内容を以下のいずれかの書面で作成します。

1　契　約　書

2　注文書・請書　＋　基本契約書

3　注文書・請書　＋　基本契約約款

（注）契約書記載事項の15項目は必ず記載

（工事を施工しない日等の定め）

 **契約書には、工事を施工しない日を記載しなければ
ならないのですか。**

　請負契約の当事者は、契約書面において、工事内容や請負代金額、工事着
工の時期や工事完成の時期等に加えて、工事を施工しない日（例えば、○月
○日又は毎週○曜日など）時間帯（例えば、毎週○曜日○時から○時までな
ど）を定めるときにはその内容を記載しなければならないとされています
（建設業法第19条）。

　なお、民間建設工事標準請負契約約款（甲）等では、工事を施工しない日
又は時間帯を定めない場合には、当該項目を削除することとされています。

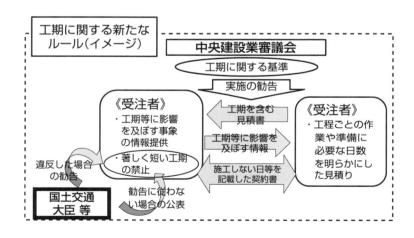

（変更契約）

 下請工事に関し追加工事等が発生した場合や、工期が変更となった場合には、変更契約を締結しなければなりませんか。

A

　追加工事又は工期の変更が生じた場合は、請負金額の額の変更や費用負担等十分な協議を行わないまま着手すると紛争が起こりかねません。そこで、必ず契約変更手続を行った後に、工事に着手しなければならないこととされています（建設業法第19条第2項）。

　追加工事等が発生しているにもかかわらず、合理的な理由がないまま、例えば、元請負人が発注者との間で追加・変更契約を締結していないことなどを理由として下請契約の変更に応じない行為は建設業法違反となります。

（追加工事等の内容が直ちに確定できないとき）

　工事状況により追加工事の全体数量等の内容がその着工前の時点では確定できない等の理由により、その都度、追加・変更契約を締結することが不合理なときは、元請負人は次の①～③の事項を記載した書面を追加工事等の着工前に下請負人と取り交わすことにより、契約変更等の手続については、追加工事等の全体数量等の内容が確定したときに遅滞なく行うことができます。

　①　下請負人に追加工事等として施工を依頼する工事の具体的作業内容
　②　当該追加工事等が契約変更の対象となること及び契約変更等を行う時期
　③　追加工事等に係る契約単価の額

（工事着手後の工期変更、追加工事の変更後の工期が確定できないとき）

　下請工事に着手した後に工期が変更になった場合は、契約変更等の手続は、変更後の工期が確定した時点で遅滞なく行うことになっています。

工期を変更する必要があると認めたが、変更後の工期が直ちに確定しない場合、次の事項について確認を行い、変更後の工期が確定した時点で契約変更の手続を行うことができます。

①　工期の変更が契約変更等の対象となること

②　契約変更などを行う時期を明確に記載した書面として残すこと

（電子契約）

4-23 建設工事請負契約を電子契約で締結することはできますか。その場合、注意すべきことは何ですか。

　建設工事請負契約を電子契約で締結することは、建設業法で認められています（同法第19条第3項）。

　電子契約で契約するための要件としては、契約相手方の承諾を得ることや、一定の要件を備えた電子情報処理システムを媒体とすることが必要とされています。国土交通省は、この契約システム媒体として、CIネット（一般財団法人建設業振興基金）等の普及を促進しています。

（下請契約締結の手順）

適正な元下関係の構築のためには、適正な手順による下請契約が必要とのことですが、どのようにすればよいのですか。

　建設産業の生産活動は、総合的管理監督機能を担う総合工事業者と直接施工機能を担う専門工事業者が、それぞれ対等の協力者としてその負うべき役割に応じた責任を的確に果たすことが不可欠です。

　いわゆる適正な元請・下請関係の構築が不可欠ということですが、そのためには、元請業者と下請業者が各々の対等な立場における合意に基づき適正な手順による下請契約が締結される必要があります。

　具体的には、次のような過程がそれぞれ適正に実施されることが必要です。

① 見積り

（見積依頼）

　注文者が行う見積依頼は、工事内容を明確にする事項、支給品の有無、支払いの条件等の下請負人がどのような金額で契約をすべきかを判断する上で必要な事項を記載した書面で行いましょう。

（見積期間）

　見積期間は、下請負人が適切に見積りを行うために必要な期間を設けなければなりません。

　例えば500万円以上5,000万円未満の工事であれば、下請契約内容の提示から契約締結までに設けなければならない期間は、原則として中10日以上とするなど（建設業法第20条第4項、同法施行令第6条）と定められています。

（現場説明・図面渡し、質疑応答等）

　現場説明等により見積条件の明確化等を図り、職務権限のある者の間で迅速に見積条件を確定しましょう。

②　金額折衝・契約

（見積書提出）

　下請負人は、注文者から請求があったときは、契約成立前に見積書を交付しなければなりません。見積書は、「工事の種別」ごとに「経費の内訳」が明らかになるように努めなければなりません（同法第20条第1項、2項）。

（金額折衝）

　各々対等な立場における合意に基づいて公正な契約をしなければなりません。したがって、注文者は、自己の取引上の地位を不当に利用して、通常必要と認められる原価に満たない金額で契約を締結してはなりません（同法第19条の3）。

＜見積期間＞

　下請契約内容の提示から下請契約の締結までの間に設けなければならない見積期間については以下のように定められています。

下請工事の予定価格の金額	見　積　期　間
①500万円に満たない工事	中1日以上
②500万円以上5,000万円に満たない工事	中10日以上
③5,000万円以上の工事	中15日以上

注）予定価格が②③の工事については、やむを得ない事情があるときに限り、見積期間をそれぞれ、5日以内に限り短縮することができます。

現場説明・図面渡

◆見積条件の明確化
◆見積費目の提示・確認
◆図面、仕様書の提示・確認

質疑応答

◆担当者の明示
◆質問内容の明確化・迅速な質問
◆職務上権限を有する者同士の対応
◆見積条件内容の確定
◆記録（書面）の保存

見積依頼＜書面で依頼＞

見積条件として提示しなければならない内容として、建設業法では、次の14の項目が定められています。

① 工事内容^(※)

② 工事着手の時期及び工事完成の時期

③ 工事を施工しない日又は時間帯の定めをするときは、その内容

④ 請負代金の全部又は一部の前金払又は出来形部分に対する支払の定めをするときは、その支払の時期及び方法

⑤ 当事者の一方から設計変更又は工事着手の延期若しくは工事の全部若しくは一部の中止の申出があつた場合における工期の変更、請負代金の額の変更又は損害の負担及びそれらの額の算定方法に関する定め

⑥ 天災その他不可抗力による工期の変更又は損害の負担及びその額の算定方法に関する定め

⑦ 価格等の変動若しくは変更に基づく請負代金の額又は工事内容の変更

⑧ 工事の施工により第三者が損害を受けた場合における賠償金の負担に関する定め

⑨ 注文者が工事に使用する資材を提供し、又は建設機械その他の機械を貸与するときは、その内容及び方法に関する定め

⑩ 注文者が工事の全部又は一部の完成を確認するための検査の時期及び方法並びに引渡しの時期

⑪ 工事完成後における請負代金の支払の時期及び方法

⑫ 工事の目的物が種類又は品質に関して契約の内容に適合しない場合におけるその不適合を担保すべき責任又は当該責任の履行に関して講ずべき保証保険契約の締結その他の措置に関する定めをするときは、その内容

⑬ 各当事者の履行の遅滞その他債務の不履行の場合における遅延利息、違約金その他の損害金

⑭ 契約に関する紛争の解決方法

（※）「工事内容」については最低限次の8つの事項が明示されている必要があります。

①工事名称、②施工場所、③設計図書（数量等を含む）、④下請工事の責任施工範囲、⑤下請工事の工程及び下請工事を含む工事の全体工程、⑥見積条件及び他工種との関係部位、特殊部分に関する事項、⑦施工環境、施工制約に関する事項、⑧材料費、労働災害防止対策、産業廃棄物処理等に係る元請下請間の費用負担区分に関する事項

＜標準的な見積費目＞

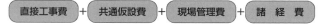

直接工事費 ＋ 共通仮設費 ＋ 現場管理費 ＋ 諸 経 費

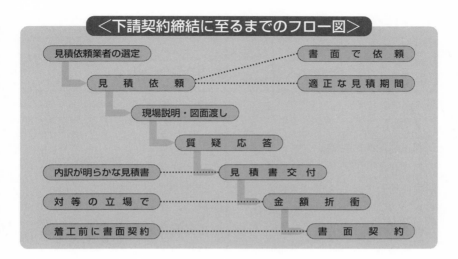

<＜下請契約締結に至るまでのフロー図＞>

見積依頼業者の選定 ――――――― 書 面 で 依 頼

見 積 依 頼 ――――――― 適 正 な 見 積 期 間

現場説明・図面渡し

質 疑 応 答

内訳が明らかな見積書 ――――――― 見 積 書 交 付

対 等 の 立 場 で ――――――― 金 額 折 衝

着工前に書面契約 ――――――― 書 面 契 約

見積書交付＜内訳が明らかな見積書＞

建設工事の見積書は「工事の種別」ごとに「経費の内訳」が明らかとなったものでなければなりません。

工事の種別	切土、盛土、型枠工事、鉄筋工事等の「工種」及び本館、別館等の「目的物の別」
経費の内訳	労務費、材料費、共通仮設費、現場管理費、機械経費、法定福利費等の別

・依頼内容、現場説明時の提示条件等が満たされているかの確認
・安全面が十分に配慮されているかの確認
・欠落部分についての明確な指示や迅速な対応が必要です。

金額折衝＜対等な立場で＞

建設工事の請負契約の当事者は、各々の対等な立場における合意に基づいて公正な契約を締結しなければなりません。したがって、自己の取引上の地位を不当に利用し、通常必要と認められる原価に満たない金額で請負契約を締結してはいけません。

建設工事の請負契約締結における工期の設定について、注意すべきことを教えてください。

（適正な工期の設定）

　注文者は、その注文した建設工事を施工するために通常必要と認められる期間に比して著しく短い期間を工期とする請負契約を締結してはならないとされています（建設業法第19条の5）。

　働き方改革関連法による改正労働基準法に基づき、令和6年4月1日から、建設業に時間外労働の罰則付き上限規制を適用することとされ、これに向けて、建設業の生産性の向上に向けた取組と併せ、適正な工期の設定等について民間も含めた発注者の取組が必要とされています。

（工期に関する基準）

　中央建設業審議会において決定された「工期に関する基準」では、発注者と受注予定者が工期を設定するに当たり、適正な工期となるように考慮すべき事項を示しています。

　元請負人と下請負人は、建設工事の請負契約の締結に当たり適切な工期を設定し、しっかりした工程管理のもとで、できる限り工期に変更が生じないようお互いに努力をする必要があります。しかしながら、工事現場の状況により、やむを得ず工期を変更することが必要になることもあります。このような場合には、当初契約を締結した時と同様に、変更の内容を書面（工期変更に伴う変更契約書）に記載し、署名又は記名押印をして、相互に交付しなければならないことになっています（建設業法第19条第2項）。

（工期に変更が生じた場合には、変更契約を締結することが必要）

　工期の変更に関する変更契約の締結に際しても、他の変更契約の締結の場合同様に、元請負人は、速やかに当該変更に係る工期や費用等について、下

請負人と十分に協議を行う必要があります。

　また、合理的な理由もなく元請負人の一方的な都合により下請負人の申し出に応じず、必要な変更契約の締結を行わない場合には建設業法違反となります。

（下請負人の責めに帰すべき理由がないにもかかわらず、工期が変更になり、これに起因する下請工事の費用が増加したとき）

　元請負人の施工管理が十分に行われなかったため、下請負人の工期を短縮せざるを得ず、労働者を集中的に配置した等の理由により、下請負人の費用が増加した場合には、下請負人の責めに帰すべき理由がなければ、その増加した費用については元請負人が負担する必要があります。

（工事着手後の工期変更、追加工事の変更後の工期が確定できないとき）

　下請工事に着手した後に工期が変更になった場合は、契約変更等の手続は、変更後の工期が確定した時点で遅滞なく行うことになっています。

　工期を変更する必要があると認めたが、変更後の工期が直ちに確定しない場合、次の事項について確認を行い、変更後の工期が確定した時点で契約変更の手続を行うことになります。

　①　工期の変更が契約変更等の対象となること
　②　契約変更などを行う時期を明確に記載した書面として残すこと

（工期に関する基準）

 工期に関する基準とは何ですか。どのようなことを
定めているのですか。

　工期に関する基準（令和2年7月中央建設業審議会決定）では、発注者や
受注者が工期を設定するに当たり、適切な工期となるように考慮すべき事項
として、例えば次のような項目を掲げています。

・自然要因（雨や雪の日など作業ができない場合がありえること　など）
・休日、法定外労働時間（週休2日を確保すること　など）
・イベント（年末年始、夏季休暇、GW　など）
・労働・安全衛生の確保のためにゆとりある工期を設定すること
・準備期間、後片付け期間など

（著しく短い工期の禁止）

注文者は、建設工事を施工するために通常必要と認められる期間に比べ著しく短い期間を工期とする請負契約を締結してはならないとされていますが、この著しく短い工期に該当するかどうかは、どのように判断するのですか。

　注文者は、その注文した建設工事を施工するために通常必要と認められる期間に比して著しく短い期間を工期とする請負契約を締結してはならないとされています（建設業法第19条の5）。

　工期が、著しく短い工期に該当するかどうかの判断は、次の要因により、受注者が違法な長時間労働などの不適正な状態で施工することになっていないかなどを考慮して、行政庁が個別に判断することとされています。

・工期に関する基準（令和2年7月中央建設業審議会決定）で示された内容を踏まえているか。

・過去の同種類似工事の工期と比較して短くなっていないかどうか。

・下請負人が見積書で示した工期と比較して短くなっていないかどうか。

　たとえば、注文者と受注者との間で合意している工期であっても、それが時間外労働の罰則付き上限規制を上回る違法な時間外労働を前提として設定されているような工期である場合は、著しく短い工期に当たると判断されます。

（工期変更）

**当初契約の締結ではなく工期の変更契約を締結する
場合でも、著しく短い工期の禁止は適用されるので
すか。**

　著しく短い工期の禁止は、当初の契約締結後、当初の契約どおり工事が進行しなかったり、工事内容に変更が生じたときに、工期の変更契約を締結する場合についても適用されます。

　特に、工期の変更時に紛争が生じやすいため、紛争の未然防止の観点から、当初契約の締結の際、著しく短い工期の禁止に関する規定を明記しておくことが重要です（民間工事標準請負契約約款（甲）第29条、民間工事標準請負契約約款（乙）第19条、公共工事標準請負契約約款第21条、建設工事標準下請契約約款第17条）。

（原材料等の納期遅延と請負代金）

 原材料等の納期の遅延などの下請負人の責めに帰さない理由により、当初契約の工期のとおり工事が進行しません。工期について、元請負人は協議に応じてくれませんが、建設業法違反になりませんか。

　元請負人が下請負人との協議や変更契約に応じない場合には、「著しく短い工期の禁止（建設業法第19条の5）」に違反する恐れがあります。

　原材料等の納期遅延が発生している状況においては、納期の実態を踏まえた適正な工期の確保のため、建設工事標準下請契約約款に記載の工期の変更に関する規定を適切に設定、運用することが必要です。契約締結後においても下請負人からの協議の申し出があった場合には元請負人が適切に協議に応じること等により、状況に応じた必要な契約変更を実施するなど、適切な対応を図る必要があります。

（フレックス工期）

フレックス工期とは何ですか。

　フレックス工期とは、建設業者が一定の期間内で工事開始日を選択することができ、これが書面により手続上明確になっている契約方式における工期のことです。

　フレックス工期を採用した工事においては、工事開始日をもって契約工期の開始日とみなし、契約締結日から工事開始日までの期間は、監理技術者等を設置する必要がありません。

（元請・特定建設業者の責務）

下請契約において元請負人となる特定建設業者には、一般建設業者に比べてより厳しい責務があるとのことですが、その内容を教えてください。

　特定建設業者は、元請負人として一定金額以上の建設工事を下請負人に出せることとなるかわりに、下請保護、建設工事の適正な施工確保の観点から、次のように一般建設業者より規制が強化され、更に一般建設業者にはない規制があります。

○　許可基準の強化　営業所に置く技術者の要件
　　　　　　　　　　　財産的基礎の要件

（建設業法第15条）

○　下請代金の支払期日の規制（50日）及び遅延利息

（同法第24条の6）

○　下請代金の支払い方法の制限（割引困難手形交付の禁止）

（同法第24条の6）

◎　下請業者（孫請等を含む）の指導、違反是正、許可行政庁への通報

（同法第24条の7）

◎　施工体制台帳、施工体系図の作成など

（同法第24条の8）

◎　工事現場への監理技術者の設置
　　現場専任の監理技術者には監理技術者資格者証が必要

（同法第26条）

　なお、◎印の3項目については、発注者から直接建設工事を請け負った場合だけに適用されます。

安心

発注者　特定建設業者　下請負人
特定建設業者

元請：特定建設業者の責務とは

① 現場での法令遵守指導の実施

② 下請業者の法令違反については是正指導

③ 下請業者が是正しないときの許可行政庁への通知

【指導すべき法令の規定】

法　律　名	内　　　容
建設業法	下請負人の保護に関する規定、技術者の設置に関する規定等本法のすべての規定が対象とされているが、特に次の項目に留意すること。 ⑴建設業の許可（３条） ⑵一括下請負の禁止（22条） ⑶下請代金の支払（24条の３・６） ⑷検査及び確認（24条の４） ⑸主任技術者の設置等（26条、26条の２）　　　　等
建築基準法	⑴違反建築の施工停止命令等（９条１項・10項） ⑵危害防止の技術基準等（90条）
宅地造成等規制法	⑴設計者の資格等（９条） ⑵宅地造成工事の防災措置等（14条２項・３項・４項）
労働基準法	⑴強制労働等の禁止（５条） ⑵中間搾取の排除（６条） ⑶賃金の支払方法（24条） ⑷労働者の最低年齢（56条） ⑸年少者坑内労働の禁止及び女性の坑内業務の就業制限（63条、64条の２） ⑹安全衛生措置命令（96条の２第２項、96条の３第１項）
職業安定法	⑴労働者供給事業の禁止（44条） ⑵暴行等による職業紹介の禁止（63条１号、65条８号）
労働安全衛生法	危険・健康障害の防止（98条１項）
労働者派遣法	建設労働者の派遣の禁止（４条１項）

（相指名業者の下請契約）

 公共工事を競争入札で受注しましたが、工事の一部を相指名業者に下請させたいと考えています。何か問題があるでしょうか。

4-32

　建設業法上は、相指名業者への下請は禁止されていませんが、競争入札前に落札した場合にはお互いに下請発注するというような約束等がなされているのではないかといった、指名競争入札をめぐるあらぬ疑惑を持たれないように、慎重な対応が望ましいと考えられています。

　また、相指名業者への下請については、発注者との請負契約において禁止されていることもあります。

　なお、特定の特殊な工種や工法を採用するように発注者が求めている場合に、当該工種・工法の施工・管理能力を持たない企業が元請となったときにはどうかというようなケースも考えられますが、この場合は、むしろこのような企業が元請となることの是非が問題となることがありそうです。

相指命業者への下請は、入札談合と疑いを招く場合もあるため、慎重な対応が望まれます。

（紛争の処理）

Q 4-33 建設工事の請負契約に関して、注文者とトラブルになりました。裁判以外に簡易迅速な解決を図る制度があると聞きましたが、その内容を教えてください。

　建設工事の請負契約に関する紛争の簡易迅速な解決を図るため、建設業法に基づき建設工事紛争審査会が設けられています。

　審査会は、原則として当事者双方の主張や証拠に基づき、民事紛争の解決を行う準司法機関です。

　審査会には、国土交通省に置く中央建設工事紛争審査会と各都道府県に置く都道府県建設工事紛争審査会がありますが、それぞれ、弁護士を中心とした法律の専門家や建設工事の技術の専門家などで構成され、紛争について、あっせん、調停及び仲裁を行っています。

　審査会に紛争の解決を申請できるケースは、当事者の一方又は双方が建設業を営む者（許可を受けた建設業者は当然含まれます。）である場合のうち、工事の瑕疵や請負代金の未払いなどのような工事請負契約の解釈又は実施についてのものです。資材の購入契約など建設工事の請負契約でないものは、含まれません。

建設工事紛争審査会による紛争解決のフローチャート

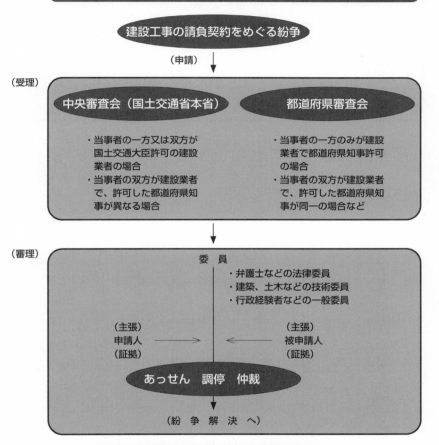

建設工事の請負契約をめぐる紛争

（申請）

（受理）

中央審査会（国土交通省本省）

・当事者の一方又は双方が国土交通大臣許可の建設業者の場合
・当事者の双方が建設業者で、許可した都道府県知事が異なる場合

都道府県審査会

・当事者の一方のみが建設業者で都道府県知事許可の場合
・当事者の双方が建設業者で、許可した都道府県知事が同一の場合など

（審理）

委　員

・弁護士などの法律委員
・建築、土木などの技術委員
・行政経験者などの一般委員

（主張）申請人　→　←　被申請人（主張）
（証拠）　　　　　　　　　　　　（証拠）

あっせん　調停　仲裁

（紛　争　解　決　へ）

（注）審査会の管轄は、管轄合意があれば変更可能です。

（下請代金の支払等）

建設工事の請負契約については、下請代金支払遅延等防止法（以下「下請法」という。）の規定は適用されず、建設業法の規定が適用されるとのことですが、建設業法ではどのように定められているのですか。

　下請法では、建設工事の請負については適用除外となっています（同法第2条第4項）。

　一方、建設業法は、建設工事の下請契約について、次のように下請負人の保護を図っています。

　これらの違反については、公正取引委員会に適当な措置をとるように求めることができるとされています（建設業法第42条第1項）。

① **建設業法第19条の3（不当に低い下請代金の禁止等）**

　元請負人は、その取引上の地位を不当に利用して、下請負人に対して、通常必要と認められる原価に満たない額で請け負わせてはなりません。正当な理由がなく、契約締結後に代金を減額することも禁止されています。

② **同法第19条の4（不当な使用資材等の購入強制の禁止）**

　元請負人は、その取引上の地位を不当に利用して、契約締結後に、下請負人に対して、使用する資材、機械器具等やその購入先を指定して、下請負人の利益を害してはなりません。

③ **同法第24条の3第1項（下請代金の支払）**

　元請負人は、注文者から出来形部分に対する支払や完成後の支払を受けたときは、支払い対象となった工事を施工した下請負人に対して、相応する下請代金を1月以内に、かつ、できるだけ早く支払わなければなりません。

④ **同法第24条の4（完成検査及び引渡し）**

　元請負人は、下請負人から完成通知を受けた日から20日以内に、かつ、で

きるだけ早く工事完成検査を完了しなければなりません。完成確認後は、原則として、下請負人が申し出れば直ちに目的物の引渡しを受けなければなりません。

⑤　**同法第24条の5（不利益取扱いの禁止）**

元請負人が赤伝処理などの建設業法の規定に違反しているとして、下請負人が国土交通大臣、都道府県知事等にその事実を通報した場合、元請負人は、これを理由として下請負人に対して取引の停止などの不利益な取り扱いをしてはいけません。

⑥　**同法第24条の6第3項（特定建設業者の下請代金の支払方法）**

特定建設業者が元請人であり、下請負人が特定建設業者や資本金4,000万円以上の会社でないときには、下請代金の支払を一般の金融機関で割引を受けることが困難な手形で行ってはなりません。

⑦　**同法第24条の6第4項（特定建設業者の下請代金の支払期日等）**

特定建設業者が元請人であり、下請負人が特定建設業者や資本金4,000万円以上の会社でないときには、注文者から支払を受けたか否かにかかわらず、工事完成確認後、下請負人から目的物の引渡しの申出があれば、原則として、申出日から50日以内に下請代金を支払わなければなりません。支払が遅れた部分については、年利14.6％という高利の遅延利息の支払が必要になります。

元請が取引上の地位を利用して、原価未満で請け負わせるのは建設業法上違反となるおそれがあります。

注文者から元請代金をもらってから1か月以内に下請代金を支払わないのは、建設業法、独禁法上問題となります。

下請工事が完成しても20日以内に
完成確認をしなかったり、受取を
拒否するのは建設業法、独禁法上
問題となります。

下請負人から工事目的物の引渡し
の申出があってから50日以内に特
定建設業者が下請代金を支払わな
いと建設業法、独禁法上問題とな
ります。

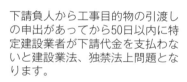

特定建設業者が下請代金を割引困
難な手形で支払うのは建設業法、
独禁法上問題となります。

（労務費相当部分の支払い）

建設工事の下請代金の全額が、手形で支払われました。これでは、手形が現金化できるまでの間、社員の賃金等の支払いのために別途金融機関から資金調達を受ける必要が生じ、企業経営が困難になります。労務費相当部分の支払いについて、建設業法に規定されていることはありませんか。

　下請代金を現金で支払うことは、下請負人の労働者の雇用安定のため重要であり、下請け代金の支払いはできる限り現金払いが望ましいといえます。特に、労務費相当部分（社会保険料の本人負担分を含む。）については、建設工事に従事する者の賃金や社会保険料に充てられるものですので、現金払いとするよう適切な配慮をすることが義務付けられています（建設業法第24の3第2項）。

（不当に低い請負代金の禁止）

 **建設業法では、不当に低い請負金額での発注が禁止
されていると聞きますが、どのような行為がこれに
当たるのでしょうか。**

　請負代金の決定に当たっては、責任施工範囲、工事の難易度、施工条件等
を反映した合理的なものとする必要があります。

　下請工事の施工において、無理な手段、期間等を下請負人に強いること
は、手抜き工事、不良工事等に原因となるばかりか、経済的基盤の弱い中小
零細企業の経営の安定を阻害することになります。

　そこで、建設業法では、建設工事の注文者が自己の取引上の地位を不当に
利用して、請負人に通常必要と認められる原価に満たない低い請負代金での
契約を強いることを禁止しているのです（建設業法第19条の３）。

（自己の取引上の地位を不当に利用）

　元請下請間の取引依存度が高い場合等、下請負人にとっても元請負人との
取引の継続が困難になることが下請負人の事業経営上大きな支障をきたす場
合には、元請負人が下請負人にとって著しく不利益な要請を行っても、下請
負人がこれを受け入れざるを得ないような場合があり得ます。

　自己の取引上の地位の不当利用とは、このような取引関係が存在している
場合に、元請負人が、下請負人の指名権、選択権等を背景に、元請負人の希
望する価格による取引に応じない場合はその後の取引において不利益な取扱
があり得ることを示唆するなどして、下請負人と充分な協議を行うことな
く、当該下請工事の施工に関し通常必要と認められる原価を下回る額での取
引を下請負人に強要することです。

（通常必要と認められる原価）

　通常必要と認められる原価とは、当該工事の施工地域において当該工事を

施工するために一般的に必要と認められる①～④の経費の合計値とされています。

①　直接工事費（材料費や工事費等、工事目的物の施工に直接必要な経費）

②　共通仮設費（現場事務所の営繕費や安全対策費等、工事全体にまたがって使う経費）

③　現場管理費（現場社員の給与等、工事を監理するために必要な経費）

④　一般管理費（会社の営繕部門や管理部門の人件費や経費等）

⑤　利益

＊通常建設工事の価格は、①～⑤の要素により構成されます。

（不当に低い請負代金の禁止規定と契約変更）

　建設業法第19条の3により禁止される行為は、当初契約の締結に際して、不当に低い請負代金を強制することに限られません。同条は、契約の内容の変更などに対しても適用されることから、元請負人にあっては、契約締結後に元請負人が原価の上昇を伴うような工事内容の変更をしたのに、それに見合った下請代金の増額を行わないことや、一方的に下請代金を減額することがないよう留意する必要があります。

（施工条件等を反映した合理的な請負代金）

　下請負人に対して原価割れ受注を強制することがないようにするためには、元請負人において、

①　下請負人に対して、当該契約を断っても今後の取引において不利益な扱いを行わないことを明確に示すこと

②　下請代金の額の交渉に関し、自らの査定額と下請負人の見積額との間に乖離があった場合には、自らが積算根拠を明らかにしたり、自らの積算における工期等の設定が不適切なものとなっていないかについて下請負人の意見を参考として検証を行うなど、下請負人との協議を尽くすこと

等の対応を行うことが必要です。

（原材料費の高騰等と請負代金）

 原材料費等の高騰等により、施工に必要な費用の上昇が発生しているのにもかかわらず、追加費用の負担について元請負人が協議に応じず、必要な変更契約を行ってくれません。建設業法違反ではないですか。

　元請負人が下請負人との協議や変更契約に応じない場合には、「不当に低い請負代金の禁止（建設業法第19条の3）」に違反する恐れがあります。

　原材料費等の高騰が発生している状況においては、取引価格を反映した適正な請負代金の設定のため、建設工事標準下請契約約款に記載の請負代金の変更に関する規定を適切に設定、運用することが必要です。契約締結後においても下請負人からの協議の申し出があった場合には元請負人が適切に協議に応じること等により、状況に応じた必要な契約変更を実施するなど、適切な対応を図る必要があります。

（建設副産物と請負代金）

建設現場で発生した土砂、コンクリート塊等の再生資源や産業廃棄物の処理等に要する経費は、誰が負担するのですか。

　建設現場では、土砂、コンクリート塊等の再生資源や産業廃棄物（以下これらを「建設副産物」と総称する。）が発生します。建設副産物を他工事や再資源化施設、処分場等に運搬するための経費や、その処分に要する経費は、建設業者が義務的に負担しなければならない費用であり、「通常必要と認められる原価（建設業法第19条の3）」に含まれるものとされています。当該経費相当額を含めない金額で建設工事請負契約を締結し、その結果「通常必要と認められる原価（建設業法第19条の3）」に満たない金額となる場合には、当該元請下請間の取引依存度等によっては、「不当に低い請負代金の禁止（建設業法第19条の3）」に違反する恐れがあります。

（指値発注の禁止）

 **元請負人が、下請負人に指値による発注をすること
は禁止されているということですが、どのような行
為がそれに該当するか教えてください。**

　下請代金の額の交渉において、元請負人が自らの希望額を下請負人に提示
（指値）することは契約交渉過程において通常行われうる行為であり、直ち
に建設業法上の問題となることはありません。しかしながら、下請代金の額
の交渉に際し、元請負人が、下請負人と十分に協議しないことや、下請負人
の協議に応じることなく、今後の取引の不利益を示唆するなどして、強制的
に元請負人が指値した額での契約を締結させる行為については、建設業法違
反となるおそれがあります。

【建設業法違反となるおそれがある行為事例】
① 　元請負人が、自らの予算額のみを基準として、下請負人との協議を行う
　ことなく一方的に下請代金の額を決定し、その額で下請契約を締結した場合
② 　元請負人が、合理的根拠がないのにもかかわらず、下請負人による見積
　額を著しく下回る額で下請代金の額を一方的に決定し、その額で下請契約
　を締結した場合
③ 　元請負人が、下請負人に対して、他の下請負人から提出された低額の見
　積金額を一方的に下請代金の額として決定し、その額で下請契約を締結し
　た場合

【建設業法違反となる行為事例】
① 　元請下請間で請負代金の額に関する合意が得られていない段階で、下請
　負人に工事を着手させ、工事の施工途中又は工事終了後に元請負人が下請
　負人との協議に応じることなく下請代金の額を一方的に決定し、その額で
　下請契約を締結した場合
② 　元請負人が、下請負人が見積りを行うための期間を設けることなく、自
　らの予算額を下請負人に提示し、下請契約締結の判断をその場で行わせ、
　その額で下請契約を締結した場合

（不当な使用資材等の購入強制の禁止）

建設業法では、下請負人に対して使用資材又は購入先を指定することを禁止していると聞きますが、どのような行為がこれに当たるのでしょうか。

　下請契約の締結に当たって元請負人が自己の希望する資材やその購入先を指定したとしても、下請負人はそれに従って適正な見積りを行い、適正な請負代金で契約を締結することができます。

　しかし、契約締結後に注文者より使用資材等の指定が行われると、既に使用資材、機械器具等を購入している下請負人に損害を与えたり、資材等の購入価格が高くなってしまったりと、下請負人の利益を不当に害するおそれがあるので、下請負人の保護のため、このような行為を禁止しています（建設業法第19条の4）。

（下請契約締結後の行為が禁止対象行為）

　不当な使用資材等の購入強制が禁止されるのは、下請契約の締結後における行為に限られます。建設工事の請負契約は、元請負人の希望するものを作ることが目的であり、下請契約の締結に当たって、元請負人が自己の希望する資材等やその購入先を指定することは、当然のことであり、これを認めたとしても下請負人はそれに従って適正な見積りを行い、適正な下請代金で契約を締結することができるため、下請負人の利益は何ら害されるものではないからです。

（自己の取引上の地位の不当利用）

　元請下請間の取引依存度が高い場合等、下請負人にとって元請負人との取引の継続が困難になることが下請負人の事業経営上大きな支障をきたす場合には、元請負人が下請負人にとって著しく不利益な要請を行っても、下請負人がこれを受け入れざるを得ないような場合があります。

自己の取引上の地位の不当利用とは、このような取引関係が存在している場合に、元請負人が、下請負人の指名権、選択権等を背景に、元請負人の希望する価格による取引に応じない場合はその後の取引において不利益な取扱があり得ることを示唆するなどして、下請負人に不当な取引を強要することです。

　また、当該請負契約の内容からみて、一定の品質の資材等を当然必要とすることが明らかであるのに、下請負人がこれより品質の劣った資材等を使用しようとしている場合については、元請負人が一定の品質の資材等を指定し購入させたとしても、取引上の地位の不当な利用には当たりません。

（使用資材等又は購入先の指定）

　使用資材等又はこれらの購入先を指定するとは、元請負人が下請け工事の使用資材や機械器具について具体的に○○会社○○型というように会社名、商品名等を指定する場合又は購入先となる販売会社等を指定する場合をいいます。

（下請負人の利益侵害）

　下請負人の利益を害するとは、使用資材等を指定して購入させた結果、下請負人が予定していた資材等の購入価格より高い価格で購入せざるを得なかった場合、あるいは既に購入していた資材等を返却せざるを得なくなり金銭面及び信用面における損害を受け、その結果、従来から継続的取引関係にあった販売店との取引関係が極度に悪化した場合等をいいます。

　そのため、使用資材等の指定があったとしても、元請負人が指定した資材等の価格の方が下請負人が予定していた購入価格より安く、かつ、元請負人の指定により資材の返却等の問題が生じない場合には、建設業法上は問題となりません。

（使用資材等の指定を行う場合の見積条件提示）

　使用資材等について購入先等の指定を行う場合には、元請負人は、あらかじめ見積条件としてそれらの項目を提示する必要があります。

（やり直し工事）

下請負人に対して工事のやり直しを求めることが建設業法に違反することがあると聞きましたが、どのような場合がこれに該当するのですか。

　請負人は、下請工事の施工に関し下請負人と十分な協議を行い、また、明確な施工指示を行うなど、下請工事のやり直し（手戻り）が発生しないように努めなければなりません。やむを得ず、下請工事の施工後に、元請負人が下請負人に対して工事のやり直しを依頼する場合もあり得ますが、このような場合において、やり直し工事に係る費用を元請負人が不当に下請負人に負担させた場合には、下請負人を経済的に不当に圧迫することとなるため、下請負人の責めに帰すべき理由がある場合を除いては、当該やり直し工事に必要な費用は元請負人が負担する必要があります（建設業法第19条第2項、同法第19条の3、建設業法令遵守ガイドライン8）。

（下請負人の責めに帰すべき理由がある場合）

　下請負人の責めに帰すべき理由があるとして、元請負人が費用を全く負担することなく、下請負人に対して工事のやり直しを求めることができるのは、下請負人の施工が契約書に明示された内容と異なる場合又は下請負人の施工に瑕疵等ある場合に限られます。また、次の①、②の場合には、元請負人が費用の全額を負担することなく、下請負人の施工が契約書と異なること又は不適合があることを理由としてやり直しを要請することは認められません。

①　下請負人から施工内容等を明確にするよう求めがあったにもかかわらず、元請負人が正当な理由なく施工内容等を明確にせず、下請負人に継続して作業を行わせ、その後、下請工事の内容が契約内容と異なるものとする場合

②　施工内容について下請負人が確認を求め、元請負人が了承した内容に

基づき下請負人が施工したにもかかわらず、下請工事の内容が契約内容
と異なる場合

（下請負人の責めに帰すべき理由がない場合）

　下請負人の責めに帰すべき理由がないのに、下請工事の施工後に、元請負
人が下請負人に対して工事のやり直しを依頼する場合にあっては、元請負人
は速やかに当該工事に必要となる費用について元請下請間で十分に協議した
上で、契約変更を行う必要があります。

（有償支給の資材代金の回収）

注文者が、下請工事に必要な資材を下請負人に有償支給した場合、当該下請負人から資材代金を回収する期日について制約があるということですが、具体的に教えてください。

　注文者が工事用資材を有償支給した場合に、その資材の対価をその資材を用いる建設工事の請負代金の支払期日前に支払わせることは、下請負人の資金繰り又は経営を不当に圧迫するおそれがあります。

　そこで、有償支給した資材の対価は、当該下請代金の支払期日以降でなければ、正当な理由がある場合を除き、下請負人に支払わせてはならないこととされています（建設業の下請取引に関する不公正な取引方法の認定基準）。

（資材代金の回収は下請代金の支払日以降）

　有償支給した資材を用いる建設工事の下請代金の支払期日前に、別の工事の請負代金の額から控除する等、実質的に資材代金の回収を行う行為も禁止されています。

（資材代金の早期回収の正当な理由）

　例えば、下請負人が有償支給された資材を他の工事に使用したり、転売してしまった場合等は、資材代金を早期回収する正当な理由があるといえます。

有償支給の資材代金の回収

```
┌──────┐   ①工事用資材の      ┌──────┐
│ 元   │ ───有償支給───────→ │ 下   │
│ 請   │                      │ 請   │
│ 業   │   ②下請代金の支     │ 業   │
│ 者   │ ───払───────────→  │ 者   │
│      │                      │      │
│      │ ←───────────────    │      │
└──────┘   ③工事用資材の      └──────┘
             代金支払
           （②と同時も可）
```

※請負代金から工事用資材の
代金を相殺する場合には、
あらかじめ両者で合意して
おくことが必要です。

（検査と引渡し）

下請工事の完成を確認するための検査及び引渡しの時期の制限について教えてください。

　下請負人が請け負った建設工事を完成した場合にあっては、当該下請工事にかかる元請負人の検査、工事目的物の引渡しを経て、工事代金の請求・支払へと進むことになりますが、元請負人がいつまでも検査を行わず、完成した工事目的物の引渡しを受けないときは、下請負人は、工事代金の支払を受けることができないばかりではなく、完成した工事目的物の保管責任を負わされ、不測の損害をこうむるおそれがあります。

　そのため、元請負人に対しては、竣工検査の早期実施及び工事目的物の速やかな受領を義務付けています（建設業法第24条の4）。

（検査は工事完成の通知日から20日以内のできる限り短い期間内）

　下請工事の完成を確認するための検査は、下請負人から工事完成の通知を受けた日から20日以内で、できる限り短い期間内に行わなくてはなりません。

　下請負人から工事完成の通知や引渡しの申し出は口頭でも足りますが、後日の争いを避けるため書面で行うことが適切です。

　なお、建設工事標準下請契約約款では、

①　下請負人からの工事完成の通知や引渡しの申し出は、書面によること

②　通知を受けた元請負人は、遅滞なく下請負人の立会いのうえ検査を行い、その結果を書面により下請負人に通知すること

とされています。

（下請代金の支払期日）

請負代金の出来高払や竣工払を受けたときには、注文者から受注者に対する下請代金の支払について何か制約があるのですか。

（下請代金の支払期日）

　注文者から請負代金の出来高払又は竣工払を受けたときは、元請負人はその支払の対象となった工事を施工した下請負人に対して、相当する下請代金を1月以内に支払わなければなりません（建設業法第24条の3第1項）。

　下請代金の支払については、本来、元請負人と下請負人の両当事者の合意により下請契約で定められるものです。

　しかし、下請契約における元請負人の経済的事情により、注文者から支払われた工事代金を下請負人への支払にあてることなく他に転用して下請負人を不当に圧迫するような不公正な取引を排除するため、このようなルールが設けられているのです。

（請求書提出締切日から支払日（手形振出日）までの期間）

　下請代金の支払は、出来高払い又は竣工払いいずれかの場合においても、できる限り早く行うことが重要です。

　1月以内という支払期間は、毎月一定の日に代金の支払を行うことが多いという建設業界の商慣習を踏まえて定められたものですが、1月以内であればいつでもよいというのではなく、できる限り短い期間内に支払わなければなりません。

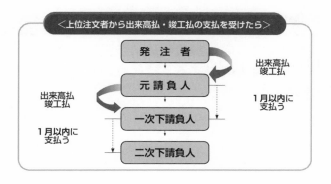

（前払金と下請代金支払期日）

 請負代金の前払金の支払いを受けたとき、元請負人は下請負人に対する下請代金の支払について何か制約を受けますか。

　発注者から前払金の支払いを受けたときは、元請負人は、下請負人に対して資材の購入、労働者の募集その他建設工事の着手に必要な費用を前払金として支払うよう適切な配慮をしなければならないとされています（建設業法第24条の3第2項）。

　また、公共工事の前払金は、国及び地方公共団体等が公共工事の適正かつ円滑な実施の確保を目的として、保証会社の保証を条件に、着工時に請負代金の一部を請負業者に支払うものであり、元請負人は保証会社の使途の監査のもとでこの前払金を当該工事に適切に使用しなければならないとされています（公共工事の前払金保証事業に関する法律第27条）。

（特定建設業者に係る下請代金の支払期日の特例）

**Q
4-46** 　特定建設業者には、下請代金の支払期日に関して、一般建設業者とは違うルールがあると聞きましたが、その内容を教えてください。

（特定建設業者に係る下請代金の支払期日の特例）

　特定建設業者は、下請負人（特定建設業者又は資本金額が4,000万円以上の法人を除く。）からの引渡し申出日から起算して50日以内に下請代金を支払わなければなりません（建設業法第24条の6第1項）。

　元請負人から一方的に支払期日を遅らされたりすると、下請負人が不当な不利益をこうむることがあるため、下請負人の保護の徹底を図るために設けられた制度である特定建設業者からの支払については、注文者から支払を受けたか否かに関わらず、一定の期限内に下請代金を支払わなければならないこととされています。

　この違反については、公正取引委員会に適当な措置をとるように求めることができるとされています（同法第42条第1項）。

（下請代金の支払期間はできる限り短く）

　下請代金の支払は、できる限り早く行うことが重要です。

　特定建設業者の制度は下請負人保護のために設けられたものですから、下請代金の支払は下請負人からの引渡し申し出があった日から50日以内で、かつできる限り短い期間内に行わなければなりません。

（注文者の支払から1月以内の支払との関係）

　特定建設業者が下請代金の支払う期日については、注文者から出来高払又は竣工払を受けた日から1月以内を経過する日か、本ルールによる支払期日のいずれか早い方で行わなければなりません。

（違反した特定建設業者には高率の遅延利息の支払義務が発生）

　特定建設業者が本ルールの期間内に下請代金の全額の支払を完了していない場合は、当該未払金額について、51日目からその支払をする日までの期間に対応する遅延利息を支払わなければならないこととなります。（同法第24条の6第4項）

　また、その場合の遅延利息の率は14.6％と定められています。

（ルールの適用対象）

　このルールは、特定建設業者が資本金4,000万円未満の一般建設業者等に対して工事を下請負する場合に適用され、下請負人が特定建設業者である場合又は資本金が4,000万円以上の法人である場合には、このルールは適用されません。

下請代金の支払期日

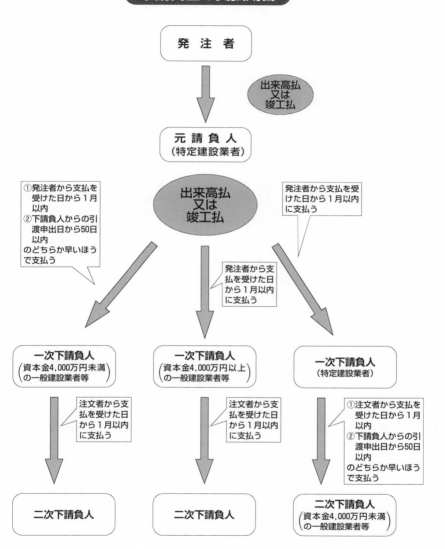

発注者

出来高払
又は
竣工払

元請負人
（特定建設業者）

出来高払
又は
竣工払

①発注者から支払を
受けた日から1月
以内
②下請負人からの引
渡申出日から50日
以内
のどちらか早いほう
で支払う

発注者から支
払を受けた日
から1月以内
に支払う

発注者から支払を受
けた日から1月以内
に支払う

一次下請負人
（資本金4,000万円未満
の一般建設業者等）

一次下請負人
（資本金4,000万円以上
の一般建設業者等）

一次下請負人
（特定建設業者）

注文者から支
払を受けた日
から1月以内
に支払う

注文者から支
払を受けた日
から1月以内
に支払う

①注文者から支払を
受けた日から1月
以内
②下請負人からの引
渡申出から50日
以内
のどちらか早いほう
で支払う

二次下請負人

二次下請負人

二次下請負人
（資本金4,000万円未満
の一般建設業者等）

（割引困難手形による支払の禁止）

Q 4-47

特定建設業者が、下請代金の支払を割引が困難な手形で支払うことは禁じられていますが、具体的にはどのような手形をいうのでしょうか。また、下請代金を手形で支払うことについて、何か注意することはありますか。

（手形の割引）

満期未到来の手形の所持人（割引依頼人）がその手形を割引人に裏書譲渡し、その対価として割引依頼人が手形金額から満期日までの利息と割引料を控除した金額を割引人から取得する行為です。

（割引困難手形による支払の禁止）

特定建設業者は、下請代金の支払を一般の金融機関による割引を受けることが困難と認められる手形により行ってはなりません（建設業法第24条の6第3項）。

下請代金の支払は原則として現金で行われるべきですが、一般の商慣習においては手形による支払いが行われています。

しかし、支払期日までに割引を受けることが困難と認められる手形については、現金払と同等の効果が期待できませんので、下請負人の利益保護のため、その交付が禁じられています。

（一般の金融機関）

現金又は預金の受入れ及び資金の融通を併せて業とする銀行、信用金庫、信用組合、農業協同組合等をいい、いわゆる市中の金融業者は含みません。

（手形期間は120日以内で、できる限り短い期間）

割引を受けることが困難であると認められる手形に当たるかどうかは、そ

の時の金融情勢、金融慣行、元請負人・下請負人の信用度等の事情並びに手
形の支払期間を総合的に勘案して判断することが必要ですが、手形期間は
120日以内でできるだけ短い期間とすることが重要です。

（適用対象等）

　元請負人が特定建設業者であり、資本金4,000万円未満の一般建設業者に
対して、工事を下請けした場合の支払に適用されます。

　また、下請代金の支払については、次のことに努めることとされていま
す。
1　下請代金の支払は、できる限り現金によるものとすること。
2　手形等により下請代金を支払う場合には、その現金化にかかる割引料等
　のコストについて、下請事業者の負担とすることがないよう、これを勘案
　した下請代金の額を親事業者と下請事業者で十分協議して決定すること。
3　下請代金の支払に係る手形等のサイトについては、60日以内とするこ
　と。
※令和4年8月の「建設業法令遵守ガイドライン（第8版）」

（赤伝処理）

 赤伝処理は建設業法に違反するとのことですが、どのような行為がこれに該当しますか。

　適正な手続に基づかない赤伝処理は、建設業法に違反する恐れがあります。元請負人と下請負人双方の協議・合意がなく元請負人が自己の取引上の地位を不当に利用して下請代金から一方的に諸費用を差し引く行為や、下請負人との合意はあるものの根拠が不透明な諸費用を差し引く又は実際に要した費用（実費）より過大な費用を差し引く行為等は、建設工事の請負契約の原則（建設業法第18条）を無視することになり、不当に低い請負代金の禁止（同法第19条の3）に違反するおそれがあります（建設業法令遵守ガイドライン9）。

（赤伝処理とは）

　建設工事においては、元請負人と下請負人の間で、

①　一方的に提供、貸与した安全衛生保護具等の費用
②　下請代金の支払いに関して発生する諸費用（下請代金の振込手数料）
③　下請工事の施工に伴い副次的に発生する建設副産物の運搬処理費用
④　その他諸費用（駐車場代、弁当ゴミ等のゴミ処理費用、安全協力会費、建設キャリアアップシステムに係るカードリーダー設置費用及び現場利用料等）

など、様々な諸費用が発生します。赤伝処理とは、元請負人がこれらの諸費用を下請代金の支払時に差し引く（相殺する）行為のことをいいます。

（赤伝処理を行う場合は元請負人と下請負人双方の協議・合意が必要）

　赤伝処理を行う場合には、その内容や差し引く根拠等について元請負人と下請負人双方の協議・合意が必要です。

　また、安全協力費等については、その透明性の確保に努め、赤伝処理によ

る費用負担が下請負人に過剰なものにならないように十分配慮する必要があります。

（内容を見積条件・契約書に明示することが必要）

　下請代金の支払に関して発生する諸費用、元請負人が一方的に提供・貸与した安全衛生保護具等の労働災害防止対策に要する費用、及び下請工事の施工に伴い副次的に発生する建設廃棄物の処理費用について赤伝処理を行う場合には、その内容や差引額の算定根拠等について、見積条件や契約書に明示する必要があります。

（下請負人への不利益取扱いの禁止）

 下請負人への不利益取扱いの禁止とは何ですか。

　下請負人への不利益取扱いの禁止は、例えば元請負人が次のようなルール
に違反しているとして、下請負人が国土交通大臣、都道府県知事、公正取引
委員会又は中小企業庁長官にその事実を通報した場合、元請負人は、これを
理由として下請負人に対して取引の停止などの不利益な取扱いをしてはなら
ないというものです（建設業法第24条の5）。

・不当に低い下請負代金の禁止（法第19条の3）

・赤伝処理（法第19条の3）

・不当な使用資材等の購入強制の禁止（法第19条の4）

・下請代金の支払期日（法第24条の3第1項）

・検査及び引渡し（法第24条の4）

・割引困難な手形による支払いの禁止（法第24条の6第3項）

・特定建設業者に係る下請代金の支払い期日の特例（法第24条の6第4項）

5　技術者制度

（技術者制度の概要）

 建設業法における技術者制度の内容について教えてください。

　建設業については、次のような他の産業とは違った特性があることから、建設業者の施工能力が特に重要となります。

（建設生産物の特性）

・　一品受注生産であるためあらかじめ品質を確認できない。

・　不適正な施工があったとしても完全に修復するのが困難である。

・　完成後には瑕疵の有無を確認することが困難である。

・　長期間、不特定多数の人々に使用される。

（施工の特性）

・　総合組立生産であるため、下請業者を含めた多数の者による様々な工程を総合的にマネージメントする必要がある。

・　現地屋外生産であることから工程が天候に左右されやすい。

　そこで、建設業法では、建設工事の適正な施工を確保するため、工事現場における建設工事の技術上の管理をつかさどる者として、建設工事の種類、請負金額、施工における立場（元請か下請か）などに応じて、建設工事の施工に関する一定の資格や経験を持つ主任技術者又は監理技術者の設置を求めています（建設業法第26条第1項・第2項）。

　なお、営業所についても建設工事に関する請負契約の適正な締結及びその履行を確保するため専任技術者の設置を求めています（同法第7条第2号）。

建設工事の適正な施工を行うためには、実際に施工を行っている工事現場に、一定の資格・経験を有する技術者を配置し、施工状況の管理・監督をすることが必要です。

元請工事(小規模)や、下請工事には

主任技術者

①1級、2級資格者
②実務経験者

元請工事(大規模)には

監理技術者

1級資格者等

主任技術者

　建設業者は、請け負った建設工事を施工する場合には、請負金額の大小、元請・下請にかかわらず、必ず工事現場に施工上の管理をつかさどる主任技術者を置かなければなりません。

監理技術者

　発注者から直接工事を請け負い(元請)、そのうち4,500万円(建築一式工事の場合は7,000万円)以上を下請契約して施工する場合は、主任技術者にかえて監理技術者を置かなければなりません。

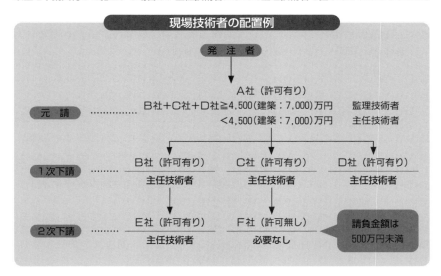

現場技術者の配置例

発　注　者

A社(許可有り)
B社+C社+D社≧4,500(建築:7,000)万円　監理技術者
　　　　　　＜4,500(建築:7,000)万円　主任技術者

元　請 ‥‥‥‥‥

1次下請 ‥‥‥‥
B社(許可有り)
主任技術者

C社(許可有り)
主任技術者

D社(許可有り)
主任技術者

2次下請 ‥‥‥‥
E社(許可有り)
主任技術者

F社(許可無し)
必要なし

請負金額は
500万円未満

（軽微な建設工事と営業所）

許可業者が、500万円未満の軽微な工事を施工するときに、現場に主任技術者を配置する必要はありますか。

　建設業許可を受けた業種については、軽微な建設工事のみを請け負う場合であっても、現場に主任技術者を配置することが必要とされています。

（主任技術者資格）

主任技術者資格認定要件のなかで高等専門学校の指定学科卒業というときの高等専門学校とは、何を指しているのですか。専修学校や、いわゆる各種専門学校の卒業も含まれていますか。

　資格を受けようとする建設業の業種に係る建設工事について10年の実務経験があれば、当該業種の主任技術者になれます。この実務経験は、学校教育法上の大学、高等専門学校（5年制）、高等学校、専修学校を卒業し、かつ各々業種各に定められた指定学科を履修していれば、年数が短縮されることになっています（建設業法施行規則第1条）。

　一般のいわゆる各種専門学校の学歴は、学校教育法上という要件からはずれていますので、実務経験年数は短縮されません。

（専ら複数業務のマネジメントを行う主任技術者）

監理技術者、主任技術者の役割が明確にされたということですが、その内容は何ですか。また、専ら複数業務のマネジメントを行う主任技術者とは何ですか。

　監理技術者、主任技術者の職務分担は、次の表のとおりです。

　専ら複数業務のマネジメントを行う主任技術者とは、次の表右欄のとおり元請負人との関係においては下請負人の主任技術者の役割を担い、下位の下請負人との関係においては、元請負人監理技術者等の指導監督の下、元請が策定する施工管理に関する方針等（施工計画書等）を理解した上で、元請の監理技術者に近い役割を担うものとされています（監理技術者制度運用マニュアル）。

　元請負人は、当該主任技術者と調整の上で専ら複数業務のマネジメントを行う主任技術者の職務について確定し、それを記載、押印等した書面を、下請負人から提出させることとされています。

監理技術者制度運用マニュアル　監理技術者等の職務

	元請の監理技術者等	下請の主任技術者	【参考】下請の主任技術者 (専ら複数工種のマネージメント)
役割	○請け負った建設工事全体の統括的施工管理	○請け負った範囲の建設工事の施工管理	○請け負った範囲の建設工事の統括的施工管理
施工計画の作成	○請け負った建設工事全体の施工計画書等の作成 ○下請の作成した施工要領書等の確認 ○設計変更等に応じた施工計画書等の修正	○元請が作成した施工計画書等に基づき、請け負った範囲の建設工事に関する施工要領書等の作成 ○元請等からの指示に応じた施工要領書等の修正	○請け負った範囲の建設工事の施工要領書等の作成 ○下請の作成した施工要領書等の確認 ○設計変更等に応じた施工要領書等の修正
工程管理	○請け負った建設工事全体の進捗確認 ○下請間の工程調整 ○工程会議等の開催、参加、巡回	○請け負った範囲の建設工事の進捗確認 ○工程会議等への参加※	○請け負った範囲の建設工事の進捗確認 ○下請間の工程調整 ○工程会議等への参加※、巡回
品質管理	○請け負った建設工事全体に関する下請からの施工報告の確認、必要に応じた立ち会い確認、事後確認等の実地の確認	○請け負った範囲の建設工事に関する立ち会い確認(原則) ○元請(上位下請)への施工報告	○請け負った範囲の建設工事に関する下請からの施工報告の確認、必要に応じた立ち会い確認、事後確認等の実地の確認
技術的指導	○請け負った建設工事全体における主任技術者の配置等法令遵守や職務遂行の確認 ○現場作業に係る実地の総括的技術指導	○請け負った範囲の建設工事に関する作業員の配置等法令遵守の確認 ○現場作業に係る実地の技術指導	○請け負った範囲の建設工事における主任技術者の配置等法令遵守や職務遂行の確認 ○請け負った範囲の建設工事における現場作業に係る実地の総括的技術指導

※非専任の場合には、毎日行う会議等への参加は要しないが、要所の工程会議等には参加し、工程管理を行うことが求められる

（監理技術者資格）

監理技術者の資格認定要件（指定業種を除く。）となっている指導監督的な実務経験とは具体的にどういう経験内容をいっているのですか。

　指導監督的な実務経験とは、建設工事の設計又は施工の全般について、工事現場主任者又は工事現場監督者のような立場で工事の技術面を総合的に指導監督した経験（発注者の側における経験又は下請負人としての経験を含みません。）をいい、許可を受けようとする建設業の業種に係る建設工事で、発注者から直接請け負い、その請負代金の額が4,500万円以上であるものに関する経験とされています。

実務経験で取得する技術者資格は、どのように証明
するのでしょうか。

　許可を受けようとする建設業の業種に係る建設工事に関し10年以上の実務
経験があれば、主任技術者になれます。

　実務経験とは、建設工事の施工に関する技術上のすべての職務経験をい
い、ただ単に建設工事の雑務のみの経験年数は含まれませんが、建設工事の
発注に当たって設計技術者として設計に従事し、又は現場監督技術者として
監督に従事した経験、土工及びその見習いに従事した経験等も含めて取り扱
うものとされています。

　また、この実務経験の期間は、具体的に建設工事に携わった実務の経験
で、当該建設工事に係る経験期間を積み上げ合計して得た期間とされていま
す。経験期間が重複しているものにあっては、二重に含めた計算はしませ
ん。

　具体的には、実務経験証明書に、時系列で建設工事に携わった実務の経験
で当該建設工事に係る経験期間を積み上げ合計して得た期間が10年以上とな
ることを記載し、原則として使用者の証明を得たものが必要です。この証明
者印については、法人の場合には登録している代表者印、個人の場合には実
印を正本に押印することが必要です。

（営業所の専任技術者の役割と資格）

営業所に設置する専任技術者の役割と資格について
教えてください。

A

　建設業法では、建設業の許可を受けようとする営業所に、建設業の許可の区分や種類に応じて、建設工事の施工に関する一定の資格や経験を持つ専任の技術者を設置することを求めています（建設業法第7条第2号）。

　この営業所に設置する専任技術者の役割と資格については、次のとおりです。

（役割）

　建設業に関する営業の中心は営業所にあることから、各営業所における建設工事に関する請負契約の適正な締結及びその履行を確保する。

（資格）

一般建設業の場合

① 　許可に係る建設業の工事について高等学校、専修学校の指定学科卒業後5年以上の実務経験者、大学等の指定学科卒業後3年以上の実務経験者

② 　許可に係る建設業の工事について10年以上の実務経験者

③ 　①又は②と同等以上の知識、技術、技能があると認められる者（土木施工管理技士、技術士、建築士など）

特定建設業の場合

① 　許可に係る建設業の種類に応じた高度な技術検定合格者、免許取得者（1級土木施工管理技士、技術士、1級建築士など）

② 　一般建設業の場合の資格要件に該当し、かつ、許可に係る建設業の工事について、元請として4,500万円以上の工事を2年以上指導監督した実務経験者

③ 　①又は②と同等以上の能力があると認められる者

ただし、特定建設業のうち指定建設業（土木工事業、建築工事業、管工事業、鋼構造物工事業、舗装工事業、電気工事業、造園工事業）の場合には、①又は①と同等以上の能力があると認められる者（試験合格者のみ）でなければなりません。

　なお、「専任」とは、その営業所に常勤して専ら職務に従事することをいいます。したがって、雇用契約等により事業主体と継続的な関係を有し、休日その他勤務を要しない日を除き、通常の勤務時間中はその営業所に勤務し得るものでなければなりません。例えば、勤務地と住所が著しく離れている場合、他の営業所の技術者となっている場合等は「専任」と認められないことに注意してください。

技術者の資格一覧表

許可を受けている業種	指定建設業（7業種） 土木一式、建築一式、管工事、鋼構造物、ほ装、電気、造園			その他（左以外の22業種） 大工、左官、とび・土工・コンクリート、石、屋根、タイル・れんが・ブロック、鉄筋、しゅんせつ、板金、ガラス、塗装、防水、内装仕上、機械器具設置、熱絶縁、電気通信、さく井、建具、水道施設、消防施設、清掃施設、解体		
許可の種類	特定建設業	一般建設業		特定建設業	一般建設業	
元請工事における下請金額合計	4,500万円[*1]以上	4,500万円[*1]未満	4,500万円[*1]以上は契約できない	4,500万円[*1]以上	4,500万円[*1]未満	4,500万円[*1]以上は契約できない
工事現場の技術者制度 / 工事現場に置くべき技術者	監理技術者	主任技術者		監理技術者	主任技術者	
技術者の資格要件	一級国家資格者 国土交通大臣特別認定者	一級国家資格者 二級国家資格者 実務経験者		一級国家資格者 実務経験者	一級国家資格者 二級国家資格者 実務経験者	
技術者の現場専任	公共性のある工作物に関する建設工事[*2]であって、請負金額が4,000万円[*3]以上となる工事					
監理技術者資格者証の必要性	同上 必要	必要ない		同上 必要	必要ない	

＊1：建築一式工事の場合7,000万円
＊2：①国又は地方公共団体が注文者である工作物に関する工事、又は②鉄道、道路、河川、飛行場、港湾施設、上下水道、電気施設、学校、福祉施設、図書館、美術館、教会、病院、百貨店、ホテル、共同住宅、ごみ処理施設等（個人住宅を除くほとんどの施設が対象）の建設工事
＊3：建築一式工事の場合8,000万円

（営業所の専任技術者の現場配置）

Q
5-8
営業所に設置する専任技術者は、現場の仕事をすることができないのですか。

A

　建設業者は、見積、入札、工事請負契約締結等の営業行為を、営業所で行わなければなりません。営業所専任技術者は、営業所に常勤して専らこれらの業務についての技術的指導を行うことが求められています。したがって、原則として他の工事現場の仕事等をすることはできません。

　ただし、特例として、当該営業所において請負契約が締結された建設工事であって、工事現場の職務に従事しながら実質的に営業所の職務にも従事しうる程度に工事現場と営業所が近接し、当該営業所との間で常時連絡を取りうる体制にあるものについては、所属建設業者と直接的かつ恒常的な雇用関係にある場合に限り、当該工事の専任を要しない主任技術者等になれます（監理技術者制度運用マニュアル）。

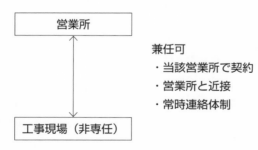

営業所

兼任可
・当該営業所で契約
・営業所と近接
・常時連絡体制

工事現場（非専任）

工事現場に配置する主任技術者の役割と資格について教えてください。

　建設業法では、建設工事の適正な施工を確保する観点から、建設工事の現場には建設工事の施工に関する一定の資格や経験を持つ技術者を設置しなければならないこととされています（同法第26条）。

　発注者から直接建設工事を請け負った特定建設業者が監理技術者を設置しなければならない場合を除き、建設業者は、請負金額の如何にかかわらず請け負ったすべての工事について工事現場に主任技術者を設置しなければなりません。下請負人である場合も同様です。

　この主任技術者は、建設業者と直接的かつ恒常的な雇用関係にあることが必要とされ、いわゆる在籍出向者等は認められていません（監理技術者制度運用マニュアル）。

　また、公共性のある工作物に関する建設工事で4,000万円（建築一式工事の場合は8,000万円）以上のものについては、工事現場ごとに専任の者でなければなりません（同法第26条）。

（役割）

　工事現場における建設工事を適正に実施するため、当該建設工事の施工計画の作成、工程管理、品質管理その他の技術上の管理及び当該建設工事の施工に従事する者の技術上の指導監督の職務を行います（同法第26条の4）。

　具体的には、建設工事の施工に当たり、施工内容、工程、技術的事項、契約書及び設計図書の内容を把握した上で、その施工計画を作成し、工事全体の工程の把握、工程変更への適切な対応等具体的な工事の工程管理、品質確保の体制整備、検査及び試験の実施等及び工事目的物、工事仮設物、工事用資材等の品質管理を行うとともに、当該建設工事の施工に従事する者を技術的に指導監督することとなります。

（資格）

①　許可に係る建設業の工事について高等学校、専修学校の関連学科卒業後 5 年以上の実務経験者、大学等の関連学科卒業後 3 年以上の実務経験者

②　許可に係る建設業の工事について10年以上の実務経験者

③　①又は②と同等以上の知識、技術、技能があると認められる者（土木施工管理技士、技術士、建築士など）

　　（これらの資格要件は、一般建設業の場合に営業所に置く専任の技術者と同じです。）

1、2級の国家資格
一定の実務経験

主任技術者

工事現場には主任技術者を置かなければいけません。

工事現場に配置する監理技術者の役割と資格について教えてください。

　建設業法では、建設工事の適正な施工を確保する観点から、建設工事の現場には建設工事の施工に関する一定の資格や経験を持つ技術者を設置しなければならないこととされています（同法第26条）。

　この現場に設置する技術者は、原則として主任技術者ですが、発注者から直接建設工事を請け負った特定建設業者が総額で4,500万円（建築一式工事の場合は7,000万円）以上の工事を下請に出す場合は、主任技術者に代えて監理技術者を設置しなければなりません（同法第26条第2項）。

　この監理技術者は、建設業者と直接的かつ恒常的な雇用関係にあることが必要とされ、いわゆる在籍出向者等は認められていません（監理技術者制度運用マニュアル）。

　また、公共性のある工作物に関する建設工事で4,000万円（建築一式工事の場合は8,000万円）以上のものについては、工事現場ごとに専任の者でなければなりません（同法第26条第3項）。

（役割）

　基本的には、主任技術者と同様に、工事現場における建設工事を適正に実施するため、当該建設工事の施工計画の作成、工程管理、品質管理その他の技術上の管理及び当該建設工事の施工に従事する者の技術上の指導監督の職務を行うことですが、更に、監理技術者は、建設工事の施工に当たり外注する工事が多い場合に、当該建設工事の施工を担当するすべての専門工事業者等を適切に指導監督するという総合的な企画、指導等の職務がとりわけ重視されています（同法第26条の4）。

（資格）

①　許可に係る建設業の種類に応じた高度な技術検定合格者、免許取得者
　（1級土木施工管理技士、技術士、1級建築士など）

②　主任技術者の資格要件に該当し、かつ、許可に係る建設業の工事につい
　て、元請として4,500万円以上の工事を2年以上指導監督した実務経験者

③　①又は②と同等以上の能力があると認められる者

　　ただし、特定建設業のうち指定建設業（土木工事業、建築工事業、管工
　事業、鋼構造物工事業、舗装工事業、電気工事業、造園工事業）の場合に
　は、①又は①と同等以上の能力があると認められる者でなければなりませ
　ん。

　　（これらの資格要件は、特定建設業の場合に営業所に置く専任の技術者
　の資格と同じです。）

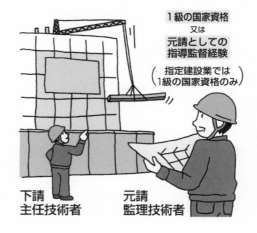

特定建設業者は、元請として一定
額以上を下請に出す工事では監理
技術者を置かなければなりませ
ん。

（監理技術者等と現場代理人）

 工事現場に配置される現場代理人と監理技術者、主
任技術者の関係について教えてください。

　現場代理人は、建設工事請負契約に定めることにより設置されるもので、一般的には、建設工事請負契約の的確な履行を確保するため、工事現場の取締りのほか、工事の施工及び契約関係事務に関する一定の事項を処理するものとして工事現場に置かれる請負人の代理人です（建設業法第19条の2）。

　監理技術者、主任技術者は、建設業法で設置が義務付けられているものです。建設工事の適正な施工を確保するため、工事現場における建設工事の技術上の管理をつかさどる者として、建設工事の種類、請負金額、施工における立場（元請・下請）などに応じて、建設工事の施工に関する一定の資格や経験を持つ主任技術者又は監理技術者の設置が求められています（建設業法第26条）。

　適正な施工を確保する上では、現場代理人と監理技術者等との密接な連携が必要不可欠です。

　また、国土交通省の中央建設業審議会で作成された公共工事標準請負契約約款等では、監理技術者等と現場代理人はこれを兼ねることができることされており、実際に兼務として運用されている場合も多いようです。

（監理技術者資格者証）

Q 5-12 監理技術者資格者証とは、何ですか。どのように入手し、また、どのような場合に使用するのですか。

A

　専任の監理技術者は、監理技術者資格者証の交付を受けている者であって、監理技術者講習を過去5年以内に受講したもののうちから、これを選任しなければならないとされています。監理技術者資格者証は、当該監理技術者が、発注者等から請求があったときにはこれを提示しなければならないので、常時携帯していることが必要です。

　監理技術者資格者証は、一般財団法人建設業技術者センターが、国土交通大臣の指定資格者証交付機関として交付事務を行っています。

　また、特例監理技術者についても、同様のことが必要です。

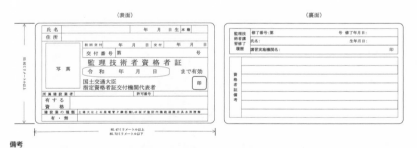

備考
1　「本籍」の欄は、本籍地の所在する都道府県名（日本の国籍を有しない者にあつては、その者が有する国籍）を記載すること。
2　磁気ストライプを埋め込むこと。

（専門技術者）

Q 5-13 専門技術者は、どのような工事の場合に、配置する必要があるのですか。

　建設工事を施工する建設業者は、すべての工事現場に主任技術者又は監理技術者を設置しなければなりません。

　当該工事が土木一式工事又は建築一式工事である場合においては、そこに置かれる主任技術者は一式工事の構成部分をなす各専門工事を総合的に管理するものであって、当該一式工事の構成部分である各専門工事の施工についての技術上の管理をつかさどる技術者の設置とは別個のものです。したがっ

土木一式工事、建築一式工事の中に他の専門工事が含まれているときは、原則として、一式工事の技術者とは別に、その専門工事について主任技術者の資格を持つ専門技術者を置く必要があります。

て、土木一式工事、建築一式工事の中に他の専門工事が含まれており当該工事を自ら施工するときは、原則として、一式工事の技術者とは別に、これらの専門工事の適正な施工を確保するため、その専門工事について主任技術者の資格を持つ専門技術者を置かなければなりません（建設業法第26条の2第1項）。

　また、建設業者が許可を受けた建設業に係る建設工事の附帯工事を自ら施工する場合においても同様です（同法第26条の2第2項）。

　この専門技術者に必要な資格は、当該専門工事の許可業者が工事現場に設置する主任技術者に要求される資格と同じです（一般建設業の場合に営業所に置く専任の技術者の資格とも同じです。）。

　なお、当該一式工事等の主任技術者や監理技術者が、同時に当該専門工事についても必要な資格を持っている場合には、当該専門工事の技術者を一人で兼務することができます。

（附帯工事）

附帯工事とは、どのような工事をいうのですか。

　附帯工事とは、主たる建設工事を施工するために必要が生じた他の従たる建設工事又は主たる建設工事の施工により必要が生じた他の従たる建設工事で、それ自体が独立の使用目的に供せられるものではないものです。

　建設工事を請け負う場合には、原則として当該工事の種類ごとに建設業の許可を受ける必要がありますが、建設工事の目的物である土木工作物や建築物は、各種の建設工事の成果が複雑微妙に組み合わされてできているものであって、一の建設工事の施工の過程において他の建設工事の施工を誘発し、又は関連する他の建設工事の同時施工を必要とする場合がしばしば生じます。そこで、許可を受けた建設業に係る建設工事以外の建設工事であっても附帯工事については、例外的に請け負うことができることとしています（建設業法第4条）。

　なお、附帯工事であっても、当該附帯工事に関する建設業の許可を受けている場合及び請負代金の額が許可の適用除外の金額である場合は、当然に請け負うことができ、同法第4条の範囲には含めて解されないこととされており、この例外の対象にはなりません。

（技術者の直接的・恒常的雇用）

工事現場に配置する監理技術者等は、その建設業者に直接かつ恒常的に雇用されているものでなければならないとのことですが、具体的にはどういうことですか。また、特例は認められないのでしょうか。

　建設工事の適正な施工を確保するため、現場に配置する監理技術者や主任技術者は、所属建設業者と直接的かつ恒常的な雇用関係が必要です（監理技術者制度運用マニュアル）。このような雇用関係は、資格者証や健康保険被保険者証等に記載された所属建設業者名及び交付日により確認できることが必要です。

（直接的な雇用関係）

　監理技術者等とその所属建設業者との間に第三者が介入する余地のない雇用に関する一定の権利義務関係（賃金、労働時間、雇用、権利構成）が存在することをいいます。したがって、いわゆる在籍出向者、派遣社員については直接的な雇用関係にあるとはいえません。

（恒常的な雇用関係）

　まず、一定の期間にわたり当該建設業者に勤務し、日々一定時間以上職務に従事することが担保されていることが必要です。これに加えて、監理技術者等と所属建設業者が、双方の持つ技術力を熟知し建設業者が責任を持って監理技術者等を工事現場に設置できるとともに、建設業者が、組織として有する技術力を監理技術者等が十分かつ円滑に活用して、工事の管理等の業務を行うことができることが必要であるとされています。

　特に、国、地方公共団体等が発注する公共工事では、原則として、建設業者からの入札の申込みのあった日以前に3ヶ月以上の雇用関係があることが必要とされています（監理技術者制度運用マニュアル）。ただし、合併や会

社分割等の組織変更により、所属建設業者に変更があった場合や震災等の対応で緊急の必要その他やむを得ない事情がある場合には、特例が認められています。

　また、雇用期間が限定されている継続雇用制度（再雇用制度、勤務延長制度）の適用を受けている者については、その雇用期間にかかわらず、常時雇用されている（＝恒常的な雇用関係にある）ものとみなされます。

　なお、直接的かつ恒常的な雇用関係については、建設業をとりまく経営環境の変化等に対応するため、次のような場合には、一定の条件の下で親会社からの出向社員を認めるなどの特例が認められています。

①　建設業者の営業譲渡又は会社分割に係る主任技術者又は監理技術者（平成13年 5 月通達）

②　持株会社の子会社が置く主任技術者又は監理技術者（平成28年12月通達）

③　親会社及びその連結子会社の間の出向社員に係る主任技術者又は監理技術者（平成28年 5 月通達）

主任技術者又は監理技術者の雇用関係

　主任技術者又は監理技術者については、工事を請け負った企業との直接的かつ恒常的な雇用関係が必要とされています。したがって以下のような技術者の配置は認められないことになっています。

① 直接的な雇用関係を有していない場合（在籍出向者や派遣など）
② 恒常的な雇用関係を有していない場合（一つの工事の期間のみの短期雇用）

直接的かつ恒常的な雇用関係

確　認　方　法

直接的な雇用関係にあることの確認	恒常的な雇用関係にあることの確認
監理技術者：次のいずれかにより確認 ①監理技術者資格者証の所属建設業者の商号又は名称、又は変更履歴（裏書） ②健康保険被保険者証の所属建設業者の商号又は名称 ③住民税特別徴収税額通知書の所属建設業者の商号又は名称	**監理技術者：次のいずれかにより確認** ①監理技術者資格者証の交付年月日、又は変更履歴（裏書） ②健康保険被保険者証の交付年月日
主任技術者：次のいずれかにより確認 ①健康保険被保険者証の所属建設業者の商号又は名称 ②住民税特別徴収税額通知書の所属建設業者の商号又は名称	**主任技術者：健康保険被保険者証の交付年月日により確認**

（技術者の恒常的雇用の特例）

工事現場に配置する監理技術者等は、その建設業者に直接かつ継続的に雇用されているものでなければならないとのことですが、雇用期間が限定されている継続雇用制度（再雇用制度、勤務延長制度）の適用を受けている者についても、恒常的雇用関係が認められないのですか。

　建設工事の適正な施工を確保するため、現場に配置する監理技術者や主任技術者は、所属建設業者と直接的かつ恒常的な雇用関係が必要です。

　恒常的な雇用関係について、雇用期間が限定されている高齢者雇用安定法の継続雇用制度（再雇用制度、勤務延長制度）の適用を受けている者については、その雇用期間にかかわらず、常時雇用されている（＝恒常的な雇用関係にある）ものとみなされます（監理技術者制度運用マニュアル）。

（現場技術者の専任制度）

工事によっては、工事現場に配置する監理技術者等は、専任でなければならないとのことですが、どういうことですか。また、特例は認められないのでしょうか。

　建設業者が建設工事の現場に設置しなければならない主任技術者又は監理技術者は、当該工事が公共性のある工作物に関する重要な工事である場合には、工事現場ごとに専任の者でなければならないとされています（建設業法第26条第3項）。

　この公共性のある工作物に関する重要な工事は、民間の自己居住用戸建て住宅以外の建設工事で4,000万円（建築一式工事の場合は8,000万円）以上のものが概ねこれに該当します（同法施行令第27条）。

　なお、専任とは、他の工事現場に係る職務を兼務せず、常時継続的に当該工事現場に係る職務のみに従事していることをいいますが、次のように運用されています。

　発注者から直接建設工事を請け負った建設業者についての専任期間は、契約工期が基本となりますが、契約工期中であっても、次の期間は工事現場への専任は必要がないとされています。ただし、いずれの場合も、発注者と建設業者との間で設計図書や打合せ記録等の書面により明確になっていることが必要です。

①　請負契約の締結後、現場施工に着手するまでの期間（現場事務所の設置、資機材の搬入又は仮設工事等が開始されるまでの間）

②　工事用地等の確保が未了、自然災害の発生又は埋蔵文化財調査等により、工事を全面的に一時中止している期間

③　橋梁、ポンプ、ゲート、エレベーター、発電機・配電盤等の電機品等の工場製作を含む工事全般について、工場製作のみが行われている期間

④　工事完了後、検査が終了し（発注者の都合により検査が遅延した場合を

除く。）、事務手続、後片付け等のみが残っている期間

　下請工事の場合は、下請工事が実際に施工されている期間とされています。

　また、密接な関連のある2以上の工事を同一の建設業者が同一の場所又は近接した場所において施工する場合は、主任技術者に限り同一の者がこれらの工事を同時に管理できる特例（同法施行令第27条第2項）があります。更に、契約工期が重複し工事対象物に一体性が認められる等の一定の条件を満たす場合に、複数の工事を一の工事とみなして、同一の監理技術者等が複数の工事全体を管理することができるといった取扱いもあります（監理技術者制度運用マニュアル）。

　これらについての、個別具体事例の判断は、許可行政庁に確認されるのがよいでしょう。

公共性のある工作物の重要な工事について、一人の技術者が現場を兼任することはできません。

公共性のある工事とは

①国、地方公共団体の発注する工事
②鉄道、道路、ダム、上下水道、電気事業用施設等の公共工作物の工事
③学校、デパート、事務所等のように多数の人が利用する施設の工事等をいい、個人住宅を除いてほとんどの工事が対象となります。

◆公共性のある工作物に関する重要工事◆
請負金額4,000万円（建築一式工事は8,000万円）以上の
個人住宅を除くほとんどの工事　※いわゆる民間工事も含まれます。

「工事現場ごとに専任」とは

　専任とは、他の工事現場の「主任技術者」又は「監理技術者」及び「営業所の専任技術者」との兼任を認めないことを意味し、元請・下請にかかわりなく、常時継続的に工事現場に置かれていることが必要です。

◆現場に常勤
◆他の現場との兼任不可

専任技術者

（注意）
「営業所の専任技術者」は、専任を要する現場の主任技術者又は監理技術者になることができないことに注意しよう‼

　「営業所専任技術者」は、請負契約の締結にあたり技術的なサポート（工法の検討、注文者への技術的な説明、見積り等）を行うことがその職務ですから、所属営業所に常勤していることが原則です。
　例外的に、所属営業所の近隣工事の主任技術者等との兼務が営業所の職務を適正に遂行できる範囲で可能な場合には現場の技術者となることもできますが、近隣工事であってもその現場が専任を要する工事の場合は、主任技術者等と兼務することはできません。

「発注者から直接建設工事を請け負った場合」の専任期間

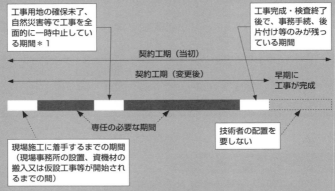

工事用地の確保未了、自然災害等で工事を全面的に一時中止している期間＊1

工事完成・検査終了後で、事務手続、後片付け等のみが残っている期間

契約工期（当初）

契約工期（変更後）

早期に工事が完成

専任の必要な期間

技術者の配置を要しない

現場施工に着手するまでの期間（現場事務所の設置、資機材の搬入又は仮設工事等が開始されるまでの間）

＊1　発注者の承諾があれば、発注者が同一の他の工事（元の工事の専任を要しない期間内に当該工事が完了するものに限る）の専任の監理技術者等として従事することができます。

「工場製作のみが稼働している期間」に係わる専任期間

○橋梁工事、ポンプ工事等に含まれる工場製作過程など

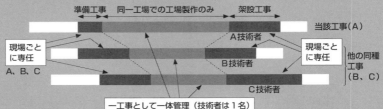

準備工事　同一工場での工場製作のみ　架設工事

当該工事（A）

A技術者

現場ごとに専任 A、B、C

B技術者

現場ごとに専任

他の同種工事（B、C）

C技術者

一工事として一体管理（技術者は1名）

下請工事であっても主任技術者の専任が必要

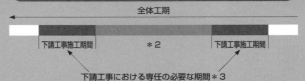

全体工期

下請工事施工期間　　＊2　　下請工事施工期間

下請工事における専任の必要な期間＊3

＊2　発注者、元請及び上位の下請の全ての承諾があれば、発注者、元請及び上位の下請の全てが同一の他の工事（元の工事の専任を要しない期間内に当該工事が完了するものに限る）の専任の主任技術者として従事することができます。

＊3　工事が三次下請業者まで下請されている場合で、三次下請業者が作業を行っている場合は、一次・二次下請業者は、自らが直接施工する工事がない場合であっても主任技術者は現場に専任していなければなりません。

（専任制の基準額）

建設工事の専任制の基準とされる4,000万円の工事費の積み上げには、注文者から無償提供された工事材料の材料費を含むのですか。

　注文者が材料を提供する場合においては、その市場価格又は市場価格及び運送費を当該請負契約書に記載された請負代金の額に加えたものを、当該工事の請負代金の額とすることとされており、建設工事の専任制の基準金額については、注文者が無償提供した工事材料等があれば、その材料費等を工事費に含めた金額が、4,000万円未満（建築一式の場合には8,000万円未満）になる必要があります。

（専任制の基準額と消費税）

建設工事の専任制の基準とされる4,000万円の工事費の積み上げには、消費税が含まれますか。

　建設工事の専任制の基準とされる4,000万円未満（建築一式の場合には8,000万円未満）の工事費の積み上げには、取引に係る消費税や地方消費税の額も含まれます。

（特定専門工事の技術者配置）

工事現場に主任技術者の配置が不要になる特定専門工事という制度ができたと聞きましたが、どのような制度ですか。

　特定専門工事は、建設工事を請け負ったすべての建設業者は主任技術者等を工事現場に置かなければならないとされているのに対して、一定の要件を満たした場合には、主任技術者を置かなくてもよいとされるものです。

　例えば、一次下請が、工事現場にその工種の指導監督的な実務経験が1年以上ある主任技術者を専任で置くような場合には、次の要件を満たせば、二次下請はその工事現場に主任技術者を置かなくてよいこととなります。

・一次下請が置く主任技術者が、二次下請が置くべき主任技術者の職務も併せて行うようにすること
・特定専門工事の内容などを、一次下請・二次下請間で書面により合意すること
・合意について、一次下請があらかじめ元請から書面による承諾を得ること

　また、特定専門工事は、①型枠工事又は鉄筋工事　②下請契約の金額が4,000万円未満の両方に該当するものに限定されています。

　なお、指導監督的な実務経験とは、工事現場主任者、工事現場監督者、職長などの立場で、部下や下請業者等に対して工事の技術面を総合的に指導・監督した経験をいいます。

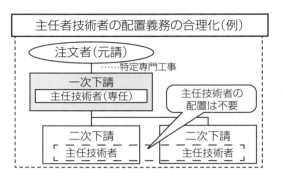

主任者技術者の配置義務の合理化（例）

注文者（元請）

……特定専門工事

一次下請
主任技術者（専任）

主任技術者の
配置は不要

二次下請
主任技術者

二次下請
主任技術者

（特例監理技術者の配置）

特例監理技術者とは何ですか。また、工事現場に特例監理技術者を配置する方法について教えてください。

　特例監理技術者の制度は、工事現場に監理技術者を専任で置かなければならない工事であっても、その監理技術者が担うべき職務を補佐する者を工事現場ごとに専任で置くときは、その工事現場の監理技術者は専任でなくてもよいというものです。

　この、監理技術者の職務を補佐する者（監理技術者補佐）となることができる者は、次のいずれかの者です。

　・主任技術者となることができる要件を満たす者であって、1級の技術検定の第一次検定に合格した者（1級「技士補」の称号を有する者）

　・監理技術者となることができる要件を満たす者

　こうした要件に該当する監理技術者補佐を専任で配置した工事現場については、2つに限定されますが兼務することができます。兼務できる2つの工事現場の範囲は、工事内容、工事規模及び施工体制等を考慮し、主要な会議への参加、工事現場の巡回、主要な工程の立ち合いなど元請としての職務が適正に遂行できる範囲となります。

　なお、監理技術者補佐が配置された場合における特例監理技術者は、その職務として、監理技術者補佐が配置されていない場合の監理技術者の職務と同様に、施工計画の作成、工程管理、品質管理、技術的指導等を行う必要がありますが、これらの職務を監理技術者補佐の補佐を受けて行うことができます。ただし、特例監理技術者は、これらの職務を適正に行えるよう、監理技術者補佐を適切に指導することが求められるほか、現場に不在の場合でも監理技術者補佐との間で常に連絡が取れるような体制を構築することが必要です。

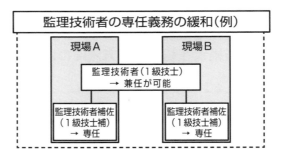

（店舗併用住宅における専任技術者の設置）

 店舗併用住宅は、いわゆる公共性のある建物に該当し、一定金額以上の工事現場には主任技術者等の専任が義務付けられるのですか。

　公共性のある施設又は多数の者が利用する施設若しくは工作物に関する重要な建設工事として建設業法施行令第27条第1項に規定する工事については、工事現場ごとに専任の主任技術者又は監理技術者の設置が義務付けられています。

　しかしながら、事務所・病院等の施設又は工作物と戸建て住宅を兼ねたもの（以下「併用住宅」という。）については、併用住宅の請負代金の総額が8,000万円以上（建築一式工事）である場合であっても、次の2つの条件を共に満たす場合には、戸建て住宅と同様であるとみなして、主任技術者又は監理技術者の専任配置を求めないこととされています。

①　事務所・病院等の非住居部分（併用部分）の床面積が延べ面積の1／2以下であること。
②　請負代金の総額を住居部分と併用部分の面積比に応じて按分して求めた併用部分に相当する請負金額が、専任要件の金額基準である8,000万円未満（建築一式工事の場合）であること。

　なお、併用住宅であるか否かは、建築確認済証により判別します。また、居住部分と併用部分の面積比は、建築確認済証と当該確認済証に添付される設計図書により求め、これと請負契約書の写しに記載される請負代金の額を基に、請負総額を居住部分と併用部分の面積比に応じて按分する方法により、併用部分の請負金額を求めることとされています。

（密接関連工事における専任制度の特例）

 Q 5-23 **主任技術者の専任を要する工事について、密接関連工事である場合には、専任の主任技術者の配置についての特例措置があるとのことですが、これについて教えてください。**

　密接な関連のある2以上の工事を同一の建設業者が同一の場所又は近接した場所において施工する場合は、同一の専任の主任技術者がこれらの工事を管理することができるとされています（建設業法施行令第27条第2項）。

　これについては、工事の対象となる工作物に一体性若しくは連続性が認められる工事又は施工にあたり相互に調整を要する工事で、かつ、工事現場の相互の間隔が10km程度の近接した場所において同一の建設業者が施工する場合（原則2件程度）が、該当するとされています。

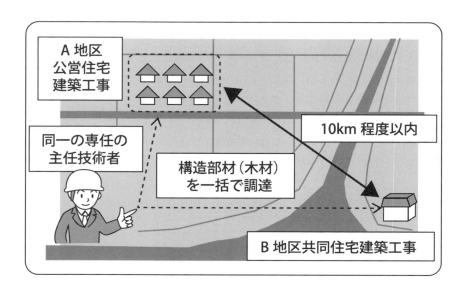

（一時中止期間中における専任制度の特例）

技術者の専任を要する工事について、一時中止の手続を行ったときには、専任技術者の配置についての特例措置があるとのことですが、これについて教えてください。

　元請が、監理技術者等を工事現場に専任で配置すべき期間は、契約工期が基本となりますが、たとえ契約工期中であっても、工事用地等の確保が未了、自然災害の発生又は埋蔵文化財調査等により、工事を全面的に一次中止している期間については、工事現場への専任は要せず、他の非専任工事への配置が可能であるとされています。さらに、発注者の承諾があれば、発注者が同一の他の工事の専任の監理技術者等として従事することができるとされています（監理技術者制度運用マニュアル）。

（現場技術者の交代）

 工事現場に専任で配置していた監理技術者等を変更したいと考えていますが、工事途中での変更は差し支えないのでしょうか。

　建設工事の適正な施工の確保を阻害するおそれがあることから、工事途中の監理技術者や主任技術者の交代は、当該工事における入札・契約手続の公平性の確保を踏まえた上で、慎重かつ必要最小限とする必要があるとされています（監理技術者制度運用マニュアル）。同マニュアルでは、監理技術者の死亡や傷病、出産、育児、介護、退職等の真にやむを得ない場合のほか、次のようなケースの場合も認められると考えられています。

① 　受注者の責めによらない理由により工事中止又は工事内容の大幅な変更が発生し、工期が延長された場合

② 　橋梁、ポンプ、ゲート、エレベーター、発電機・配電盤等の電機品等の工場製作を含む工事であって、工場から現地へ工事の現場が移行する時点

③ 　一つの契約工期が多年に及ぶ場合

　なお、交代に当たっては、発注者と発注者から直接建設工事を請け負った建設業者との協議により、適切な交代時期の設定、交代後の技術力の確保、一定期間の重複配置などの措置を講じることにより工事の継続性、品質確保等に支障がないと認められることが必要とされ、この協議においては、発注者からの求めに応じて、工事現場に設置する監理技術者等及びその他の技術者の職務分担、本支店等の支援体制等に関する情報を発注者に説明することが重要であるとされています。

〔理由〕
・死亡、退職、出産、育児、介護等
・工期の大幅延長
・工場から現地への現場の移行
・契約工期が多年にわたる場合
　　　　　　　　　　　等

Q 5-26 発注者から、工事現場に現場代理人を設置するように求められています。現場に配置する主任技術者が、現場代理人を兼務することは差し支えないでしょうか。

差し支えありません。

　現場代理人は、建設業法で設置を義務付けるものではなく、契約に基づき設置されているものです。そして、請負契約の的確な履行を確保するため、工事現場の取締のほか、工事の施工及び契約関係事務に関する一定の事項を処理するものとして工事現場に置かれる請負人の代理人です。

　現場代理人の設置は、監理技術者等との密接な連携が適正な施工を確保する上で必要不可欠であると考えられており、公共工事標準請負契約約款等では、監理技術者等と現場代理人はこれを兼ねることができるとしています（公共工事標準請負契約約款第10条、民間工事標準請負契約約款（甲）第10条）。

　なお、建設業法では、請負人が請負契約の履行に関し工事現場に現場代理人を置く場合には、注文者が現場代理人の権限に関する事項及び当該現場代理人の行為について意見を申し出る方法を、請負人は書面により注文者に通知しなければならないとしています（建設業法第19条の２）。なお、この通知については、電磁的方法によることもできます。

6　施工体制台帳等

（施工体制台帳、施工体系図）

建設工事を受注したところ、発注者から、施工体制
台帳や施工体系図を作成するようにいわれました。
必ず作成しなければならないものでしょうか。

　発注者から民間工事を直接請け負った特定建設業者は、当該工事を施工す
るために一次下請業者との間で締結した下請契約の総額が4,500万円（建築
一式工事では7,000万円）以上になる場合は、施工体制台帳や施工体系図を
作成することが義務付けられています（建設業法第24条の8）。

　公共工事の場合は、特定建設業者、一般建設業者ともに下請負業者を使う
場合は施工体制台帳等を作成することが義務付けられています（入札契約適
正化法第15条）。

　施工体制台帳は、下請負人、孫請負人など工事の施工を請け負うすべての
業者名、各業者の施工範囲、各業者の技術者氏名等を記載した台帳をいいます。

　元請業者が工事現場の施工体制を的確に把握することにより、
① 　品質、工程、安全など施工上のトラブルの発生防止
② 　不良・不適格業者の参入、建設業法違反（一括下請負等）の発生防止
③ 　安易な重層下請による生産性の低下の防止
などを図ることを目的としています。

　なお、建設工事に該当しない現場警戒業務、調査測量業務、資材購入など
の契約は法律上の記載対象ではありませんが、発注者から記載を求められる
場合もあります。

　また、施工体制台帳は、建設工事の目的物を発注者に引き渡すまでの期
間、工事現場ごとに備え置く必要があります（一部の書類については、建設
工事の目的物の引き渡し後、営業所に備え置く帳簿に移し替え、5年間又は

10年間保存する必要があります。）。

　施工体制台帳は、発注者から求めがあった場合に閲覧させなければなりません。なお、公共工事の場合は、その写しを発注者に提出しなければなりません（入札契約適正化法第15条）。

　施工体系図は、作成された施工体制台帳に基づいて、各下請負人の施工分担関係が一目で分かるようにした図のことです。これを工事の期間中、工事現場の工事関係者が見やすい場所に掲げなければなりません。なお、公共工事の場合は、このほかに公衆の見やすい場所に掲示しなければなりません（同法第15条）。また、目的物の引渡しをしたときから10年間保存しなければなりません。

何のために施工体制台帳はつくられる？

**施工体制台帳の作成を通じて元請業者が
現場の施工体制を把握することにより**

①品質・工程・安全など施工上のトラブルの発生

②不良不適格業者の参入、建設業法違反（一括下請負等）

③安易な重層下請→生産効率低下

を防止しようというものです

施工体制台帳の記載内容と添付書類

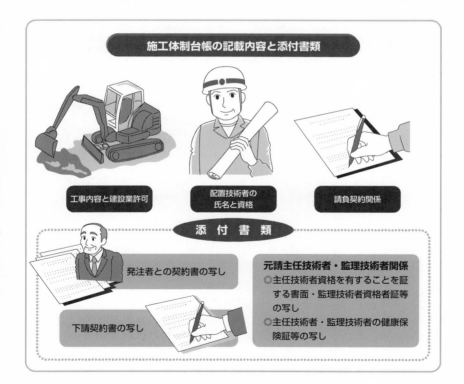

工事内容と建設業許可

配置技術者の
氏名と資格

請負契約関係

添付書類

発注者との契約書の写し

下請契約書の写し

元請主任技術者・監理技術者関係
◎主任技術者資格を有することを証する書面・監理技術者資格者証等の写し
◎主任技術者・監理技術者の健康保険証等の写し

1 施工体制台帳の作成範囲

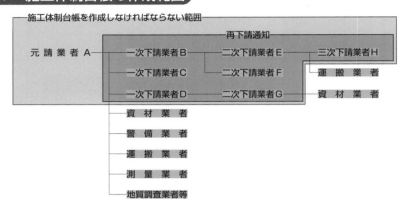

建設工事の請負契約に該当しない資材納入や調査業務、運搬業務などにかかる下請負人等については、建設業法上は記載の必要はありませんが、仕様書等により発注者が記載を求めているときには記載が必要となる場合もあります（例えば、国土交通省発注工事では、警備会社との契約について共通仕様書により記載を求めています。）。

2 施工体制台帳の構成

①元請業者と一次下請業者の記載事項と添付書類
②再下請通知の記載事項と添付書類
◆①と②を合わせた全体で施工体制台帳となる

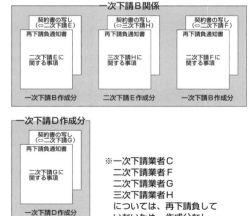

（施工体制台帳の作成が必要とされる工事と基準）

施工体制台帳の作成が義務付けられている下請金額4,500万円以上の金額の積み上げには、資材購入契約の金額を算入する必要がありますか。

　施工体制台帳等の作成は、入札契約適正化法で定められている公共工事については、特定建設業者、一般建設業者ともに、下請負人を使う場合には、その下請金額の総額にかかわらず必要とされています。

　民間工事については、発注者から直接請け負った建設工事を施工するために締結した下請金額の総額が4,500万円（建築一式工事にあっては、7,000万円）以上となったときに作成する必要があるとされています。この金額を算定する時には、消費税等は、これに含めます。また、元請業者から、資材の無償提供を受けたものについては含めません。資材購入契約や測量業者との委託契約等の建設工事の請負契約金額ではないものは、含めません。

（変更契約等と施工体制台帳）

追加工事を受注したので、工事途中で一次下請契約の金額が4,500万円以上となる下請契約を発注することが必要になりました。施工体制台帳は、当初工事に着手した時点に遡って作成することになるのですか。

　施工体制台帳の作成は、記載すべき事項又は添付すべき書類に係る事実が生じ、又は明らかになった時に遅滞なく行わなければなりません。新たに下請契約を締結したり、下請契約の総額が増加したこと等により作成義務が発生した場合は、その時点で施工体制台帳を作成し、その時以降の事実を記載又は添付すれば足りることとされています。

　また、記載すべき事項又は添付すべき書類に係る事実に変更があった場合も、該当することとなった時以降の事実に基づいて施工体制台帳を作成すれば足りることとされています。

（施工体制台帳の記載内容と添付書類）

 Q 6-4 施工体制台帳の記載内容や添付書類の概要について教えてください。

 A

（施工体制台帳の記載内容）

　施工体制台帳の記載内容は次のとおりです。

1　作成建設業者が許可を受けて営む建設業の種類

2　健康保険等の加入状況

3　作成建設業者が請け負った建設工事に関する事項

4　下請負人に関する事項

5　下請負人が請け負った建設工事に関する事項

（添付書類）

1　発注者との請負契約書の写し、下請契約に係る下請契約書の写し

2　作成建設業者が置く主任技術者又は監理技術者が主任技術者資格又は監理技術者資格を有することを証する書面等

3　監理技術者補佐を置くときは、その者が監理技術者補佐資格を有することを証する書面等

4　作成建設業者が専門技術者を置く場合は、主任技術者資格を有することを証する書面等

○施工体制台帳の記載例

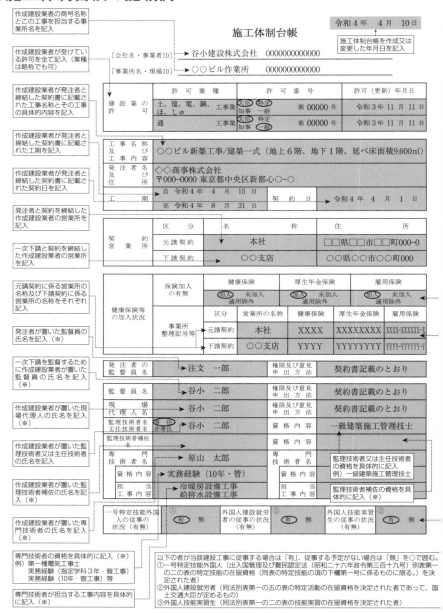

施工体制台帳

令和4年　4月　10日

施工体制台帳を作成又は変更した年月日を記入

作成建設業者の商号名称とこの工事を担当する事業所名を記入

[会社名・事業者ID] → 谷小建設株式会社　0000000000000

作成建設業者が受けている許可を全て記入（業種は略称でも可）

[事業所名・現場ID] → ○○ビル作業所　0000000000000

作成建設業者が発注者と締結した契約書に記載された工事名称とその工事の具体的内容を記入

建設業の許可	許可業種		許可番号		許可（更新）年月日
	土、建、電、鋼、工事業 は、しゅ	大臣 知事 特定 一般	第00000号		令和3年11月11日
	通　　　　工事業	大臣 知事 特定	第00000号		令和3年11月11日

作成建設業者が発注者と締結した契約書に記載された工期を記入

工事名称及び工事内容	○○ビル新築工事/建築一式（地上6階、地下1階、延べ床面積9,600㎡）

作成建設業者が発注者と締結した契約書に記載された契約日を記入

発注者名及び住所	◇◇商事株式会社 〒000-0000 東京都中央区新都心○-○

工期	自 令和4年 4月 15日	契約日 →	令和4年 4月 1日
	至 令和4年 8月 31日		

発注者と契約を締結した作成建設業者の営業所を記入

一次下請と契約を締結した作成建設業者の営業所を記入

契約営業所	区　分	名　　称	住　　　　所
	元請契約	本社	□□県□□市□□町000-0
	下請契約	○○支店	○○県○○市○○町000

元請契約に係る営業所の名称及び下請契約に係る営業所の名称をそれぞれ記入

発注者が置いた監督員の氏名を記入（※）

健康保険等の加入状況	保険加入の有無	健康保険		厚生年金保険		雇用保険	
		加入 未加入 適用除外		加入 未加入 適用除外		加入 未加入 適用除外	
	区分	営業所の名称	健康保険	厚生年金保険	雇用保険		
	事業所 整理記号等 元請契約	本社	XXXX	XXXXXXXX	XXXX-XXXXXX-X		
	下請契約	○○支店	YYYY	YYYYYYYY	YYYY-YYYYYY-Y		

一次下請を監督するために作成建設業者が置いた監督員の氏名を記入（※）

発注者の監督員名	→ 注文　一郎	権限及び意見申出方法	契約書記載のとおり

監督員名	→ 谷小　二郎	権限及び意見申出方法	契約書記載のとおり

作成建設業者が置いた現場代理人の氏名を記入

現場代理人名	→ 谷小　二郎	権限及び意見申出方法	契約書記載のとおり

監理技術者名 主任技術者名	→ 谷小　二郎 非専任	資格内容	一級建築施工管理技士

作成建設業者が置いた監理技術者又は主任技術者の氏名を記入

監理技術者補佐名		資格内容	

監理技術者又は主任技術者の資格を具体的に記入（※）
例）一級建築施工管理技士

作成建設業者が置いた監理技術者補佐の氏名を記入（※）

専門技術者名	→ 原山　太郎	専門技術者名	

資格内容	→ 実務経験（10年・管）	資格内容	

監理技術者補佐の資格を具体的に記入（※）

担当工事内容	→ 冷暖房設備工事 給排水設備工事	担当工事内容	

作成建設業者が置いた専門技術者の氏名を記入（※）

一号特定技能外国人の従事の状況（有無）	① 有 無	外国人建設就労者の従事の状況（有無）	② 有 無	外国人技能実習生の従事の状況（有無）	③ 有 無

専門技術者の資格を具体的に記入（※）
例）第一種電気工事士
　　実務経験（指定学科3年・管工事）
　　実務経験（10年・管工事）等

専門技術者が担当する工事内容を具体的に記入（※）

以下の者が当該建設工事に従事する場合は「有」、従事する予定がない場合は「無」を○で囲む。
①一号特定技能外国人（出入国管理及び難民認定法（昭和二十六年政令第三百十九号）別表第一の二の表の特定技能の在留資格（同表の特定技能の項の下欄第一号に係るものに限る。）を決定された者）
②外国人建設就労者（同法別表第一の五の表の特定活動の在留資格を決定された者であって、国土交通大臣が定めるもの）
③外国人技能実習生（同法別表第一の二の表の技能実習の在留資格を決定された者）

下請負人の請け負った建設工事の契約書に記載された工期を記入

下請負人の商号名称及び所在地を記入

下請負人が請け負った建設工事の契約書に記載された工事名及びその工事の具体的な内容を記入

下請負人が請け負った建設工事の契約書に記載された契約日を記入

下請負人の受けている許可のうち、請け負った建設工事の施工に必要な建設業の許可に係る許可を記入

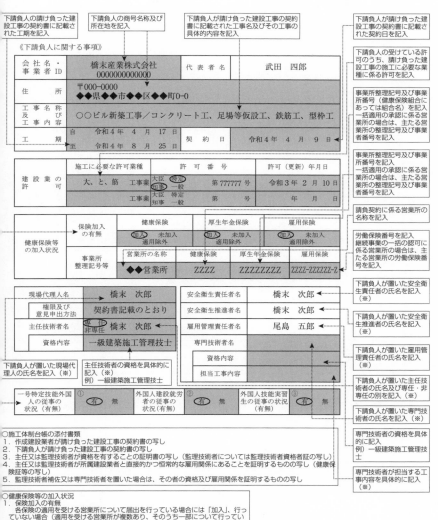

《下請負人に関する事項》

会社名・事業者ID	橋未産業株式会社　0000000000000	代表者名	武田　四郎
住　　所	〒000-0000　◆◆県◆◆市◆◆区◆◆町0-0		
工事名称及び工事内容	○○ビル新築工事／コンクリート工、足場等仮設工、鉄筋工、型枠工		
工　　期	自　令和4年　4月　17日　至　令和4年　8月　25日	契約日	令和4年　4月　9日

建設業の許可	施工に必要な許可業種		許　可　番　号	許可（更新）年月日
	大、と、筋　工事業	大臣 特定／知事 一般	第 777777 号	令和3年　2月　10日
	工事業	大臣 特定／知事 一般	第　　号	年　月　日

事業所整理記号及び事業所番号（健康保険組合にあっては組合名）を記入　一括適用の承認に係る営業所の場合は、主たる営業所の整理記号及び事業者番号を記入

事業所整理記号及び事業所番号を記入　一括適用の承認に係る営業所の場合は、主たる営業所の整理記号及び事業者番号を記入

請負契約に係る営業所の名称を記入

労働保険番号を記入　継続事業の一括の認可に係る営業所の場合は、主たる営業所の労働保険番号を記入

健康保険等の加入状況	保険加入の有無	健康保険	厚生年金保険	雇用保険
		加入／未加入／適用除外	加入／未加入／適用除外	加入／未加入／適用除外
	事業所整理記号等	営業所の名称	健康保険	厚生年金保険	雇用保険
		◆◆営業所	ZZZZ	ZZZZZZZZ	ZZZZ-ZZZZZZZ-Z

現場代理人名	橋未　次郎	安全衛生責任者名	橋未　次郎
権限及び意見申出方法	契約書記載のとおり	安全衛生推進者名	橋未　次郎
主任技術者名	専任／非専任　橋未　次郎	雇用管理責任者名	尾島　五郎
資格内容	一級建築施工管理技士	専門技術者名	
		資格内容	
		担当工事内容	

下請負人が置いた現場代理人の氏名を記入（※）

主任技術者の資格を具体的に記入（※）　例）一級建築施工管理技士

下請負人が置いた安全衛生責任者の氏名を記入（※）

下請負人が置いた安全衛生推進者の氏名を記入（※）

下請負人が置いた雇用管理責任者の氏名を記入（※）

下請負人が置いた主任技術者の氏名及び専任・非専任の別を記入（※）

下請負人が置いた専門技術者名を記入（※）

一号特定技能外国人の従事の状況（有無）	① 有／無	外国人建設就労者の従事の状況（有無）	② 有／無	外国人技能実習生の従事の状況（有無）	③ 有／無

専門技術者の資格を具体的に記入　例）一級建築施工管理技士

専門技術者が担当する工事内容を具体的に記入（※）

○施工体制台帳の添付書類
1．作成建設業者が請け負った建設工事の契約書の写し
2．下請負人が請け負った建設工事の契約書の写し
3．主任又は監理技術者の資格を有することの証明書の写し（監理技術者については監理技術者資格者証の写し）
4．主任又は監理技術者が所属建設業者と直接的かつ恒常的な雇用関係にあることを証明するものの写し（健康保険証等の写し）
5．監理技術者補佐又は専門技術者を置いた場合は、その者の資格及び雇用関係を証明するものの写し

○健康保険等の加入状況
1．保険加入の有無
　各保険の適用を受ける営業所について届出を行っている場合には「加入」、行っていない場合（適用を受ける営業所が複数あり、そのうち一部について行っていない場合を含む）は「未加入」、従業員規模等により各保険の適用が除外されている場合は「適用除外」を○で囲む。
2．事業所整理記号等
　①元請契約に係る営業所の名称及び下請契約に係る営業所の名称をそれぞれ記入
　②健康保険：事業所整理記号及び事業所番号（健康保険組合にあっては組合名）を記入。
　一括適用の承認に係る営業所の場合は、主たる営業所の整理記号及び事業者番号を記入。
　③厚生年金保険：事業所整理記号及び事業所番号を記入。
　一括適用の承認に係る営業所の場合は、主たる営業所の整理記号及び事業者番号を記入。
　④雇用保険：労働保険番号を記入。継続事業の一括の認可に係る営業所の場合は、主たる営業所の労働保険番号を記入。

○注意事項
1．建設業法では施工体制台帳の様式は定められていませんので、この様式によらなくても構いません。
2．□□□□は、建設業法で定められた記載事項です。
3．説明書きの後ろに（※）があるものは、技術者等を置かない場合もあるので、その際は記載不要です。
4．「権限及び意見申出方法」は、建設業法では相手方に対して書面により通知することになっていますので、その通知書や契約書に定められている旨を記載するとともに、その写しを添付します。
5．事業者ID及び現場IDは建設キャリアアップシステムで使用しているものを記載します。

○再下請負通知書の記載例

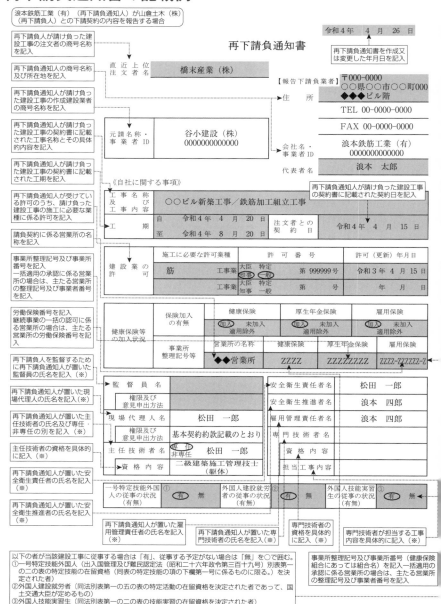

浪本鉄筋工業（有）（再下請負通知人）が山倉土木（株）
（再下請負人）との下請契約の内容を報告する場合

令和4年　4　月　26　日

再下請負通知書

再下請負通知書を作成又
は変更した年月日を記入

再下請負人が請け負った建設工事の注文者の商号名称を記入

直近上位
注文者名　橋末産業（株）

【報告下請業者】〒000-0000
○○県○○市○○町000
◆◆◆ビル階

再下請負通知人の商号名称及び所在地を記入

住　所

TEL 00-0000-0000

FAX 00-0000-0000

再下請負通知人が請け負った建設工事の作成建設業者の商号名称を記入

元請名称・
事業者ID　谷小建設（株）
0000000000000

会社名・
事業者ID　浪本鉄筋工業（有）
0000000000000

代表者名　浪本　太郎

再下請負通知人が請け負った建設工事の契約書に記載された工事名称とその具体的内容を記入

《自社に関する事項》

再下請負通知人が請け負った建設工事の契約書に記載された契約日を記入

再下請負通知人が請け負った建設工事の契約書に記載された工期を記入

工事名称
及び
工事内容　○○ビル新築工事／鉄筋加工組立工事

再下請負通知人が受けている許可のうち、請け負った建設工事の施工に必要な業種に係る許可を記入

工　期　自　令和4年　4　月　20　日
至　令和4年　8　月　20　日

注文者との
契約日　令和4年　4　月　15　日

請負契約に係る営業所の名称を記入

	施工に必要な許可業種	許　可　番　号	許可（更新）年月日
建設業の許可	筋　工事業　大臣　特定 知事　一般	第 999999 号	令和3年　4　月 15 日
	工事業　大臣　特定 知事　一般	第　　号	年　月　日

事業所整理記号及び事業所番号を記入
一括適用の承認に係る営業所の場合は、主たる営業所の整理記号及び事業者番号を記入

労働保険番号を記入
継続事業の一括の認可に係る営業所の場合は、主たる営業所の労働保険番号を記入

健康保険等の加入状況	保険加入の有無	健康保険	厚生年金保険	雇用保険
		加入　未加入 適用除外	加入　未加入 適用除外	加入　未加入 適用除外
	事業所整理記号等	営業所の名称	健康保険	厚生年金保険	雇用保険
	◆◆営業所	ZZZZ	ZZZZZZZZZ	ZZZZ-ZZZZZZ-Z

再下請負人を監督するために再下請負通知人が置いた監督員の氏名を記入（※）

監督員名		安全衛生責任者名	松田　一郎
	権限及び意見申出方法	安全衛生推進者名	浪本　四郎
現場代理人名	松田　一郎	雇用管理責任者名	浪本　四郎
	権限及び意見申出方法	基本契約約款記載のとおり	専門技術者名	
主任技術者名	専任 非専任　松田　一郎	資格内容	
	資格内容	二級建築施工管理技士 （躯体）	担当工事内容	

再下請負通知人が置いた現場代理人の氏名を記入（※）

再下請負通知人が置いた主任技術者の氏名及び専任・非専任の別を記入（※）

主任技術者の資格を具体的に記入（※）

再下請負通知人が置いた安全衛生責任者の氏名を記入（※）

一号特定技能外国人の従事の状況　① （有無）	有　無	外国人建設就労者の従事の状況　② （有無）	有　無	外国人技能実習生の従事の状況　③ （有無）	有　無

再下請負通知人が置いた安全衛生推進者の氏名を記入（※）

再下請負通知人が置いた雇用管理責任者の氏名を記入

再下請負通知人が置いた専門技術者の氏名を記入（※）

専門技術者の資格を具体的に記入（※）

専門技術者が担当する工事内容を具体的に記入（※）

以下の者が当該建設工事に従事する場合は「有」、従事する予定がない場合は「無」を○で囲む。
①一号特定技能外国人（出入国管理及び難民認定法（昭和二十六年政令第三百十九号）別表第一の二の表の特定技能の在留資格（同表の特定技能の項の下欄第一号に係るものに限る。）を決定された者）
②外国人建設就労者（同法別表第一の五の表の特定活動の在留資格を決定された者であって、国土交通大臣が定めるもの）
③外国人技能実習生（同法別表第一の二の表の技能実習の在留資格を決定された者）

事業所整理記号及び事業所番号（健康保険組合にあっては組合名）を記入一括適用の承認に係る営業所の場合は、主たる営業所の整理記号及び事業者番号を記入

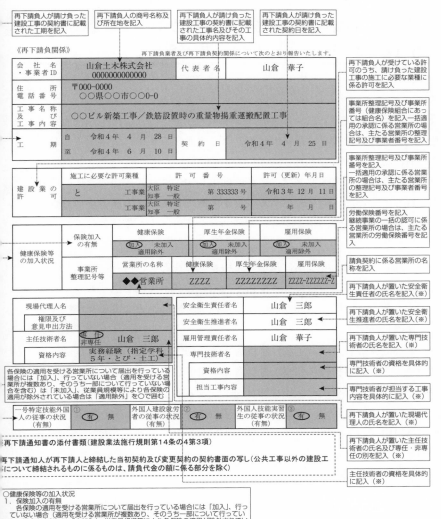

再下請負人が請け負った建設工事の契約書に記載された工期を記入

再下請負人の商号名称及び所在地を記入

再下請負人が請け負った建設工事の契約書に記載された工事名及びその工事の具体的内容を記入

再下請負人が請け負った建設工事の契約書に記載された契約日を記入

《再下請負関係》

再下請負業者及び再下請負契約関係について次のとおり報告いたします。

会社名・事業者ID	山倉土木株式会社 000000000000	代表者名	山倉　華子
住所 電話番号	〒000-0000 ○○県○○市○○0-0		
工事名称及び工事内容	○○ビル新築工事／鉄筋設置時の重量物揚重運搬配置工事		
工期	自　令和4年　4月　28日 至　令和4年　6月　10日	契約日	令和4年　4月　25日

	施工に必要な許可業種	許可番号	許可（更新）年月日
建設業の許可	と　工事業	大臣 特定 知事 一般　第 333333 号	令和3年　12月　11日
	工事業	大臣 特定 知事 一般　第　号	年　月　日

健康保険等の加入状況	保険加入の有無	健康保険	厚生年金保険	雇用保険	
		加入（○）　未加入 適用除外	加入（○）　未加入 適用除外	加入（○）　未加入 適用除外	
	事業所整理記号等	営業所の名称	健康保険	厚生年金保険	雇用保険
		◆◆営業所	ZZZZ	ZZZZZZZZ	ZZZZ-ZZZZZZ-Z

現場代理人名	
権限及び意見申出方法	
主任技術者名	専任（○） 非専任　山倉　三郎
資格内容	実務経験（指定学科5年・とび・土工）

安全衛生責任者名	山倉　三郎
安全衛生推進者名	山倉　三郎
雇用管理責任者名	山倉　華子
専門技術者名	
資格内容	
担当工事内容	

各保険の適用を受ける営業所について届出を行っている場合には「加入」、行っていない場合（適用を受ける営業所が複数あり、そのうち一部について行っていない場合を含む）は「未加入」、従業員規模等により各保険の適用が除外されている場合は「適用除外」を○で囲む

一号特定技能外国人の従事の状況（有無）	① 有（○）　無	外国人建設就労者の従事の状況（有無）	② 有（○）　無	外国人技能実習生の従事の状況（有無）	③ 有（○）　無

再下請負人が受けている許可のうち、請け負った建設工事の施工に必要な業種に係る許可を記入

事業所整理記号及び事業所番号（健康保険組合にあっては組合名）を記入一括適用の承認に係る営業所の場合は、主たる営業所の整理記号及び事業者番号を記入

事業所整理記号及び事業所番号を記入
一括適用の承認に係る営業所の場合は、主たる営業所の整理記号及び事業者番号を記入

労働保険番号を記入
継続事業の一括の認可に係る営業所の場合は、主たる営業所の労働保険番号を記入

請負契約に係る営業所の名称を記入

再下請負人が置いた安全衛生責任者の氏名を記入（※）

再下請負人が置いた安全衛生推進者の氏名を記入（※）

再下請負人が置いた専門技術者の氏名を記入（※）

専門技術者の資格を具体的に記入（※）

専門技術者が担当する工事内容を具体的に記入（※）

再下請負人が置いた現場代理人の氏名を記入（※）

再下請負人が置いた主任技術者の氏名及び専任・非専任の別を記入（※）

主任技術者の資格を具体的に記入（※）

再下請通知書の添付書類（建設業法施行規則第14条の4第3項）

再下請通知人が再下請人と締結した当初契約及び変更契約の契約書面の写し（公共工事以外の建設工事について締結されるものに係るものは、請負代金の額に係る部分を除く）

○健康保険等の加入状況
1．保険加入の有無
　各保険の適用を受ける営業所について届出を行っている場合には「加入」、行っていない場合（適用を受ける営業所が複数あり、そのうち一部について行っていない場合を含む）は「未加入」、従業員規模等により各保険の適用が除外されている場合は「適用除外」を○で囲む。
2．事業所整理記号等
①請負契約に係る営業所の名称を記入
②健康保険：事業所整理記号及び事業所番号（健康保険組合にあっては組合名）を記入。
　一括適用の承認に係る営業所の場合は、主たる営業所の整理記号及び事業者番号を記入。
③厚生年金保険：事業所整理記号及び事業所番号を記入
　一括適用の承認に係る営業所の場合は、主たる営業所の整理記号及び事業者番号を記入。
④雇用保険：労働保険番号を記入。継続事業の一括の認可に係る営業所の場合は、主たる営業所の労働保険番号を記入。

○注意事項
1．建設業法では再下請通知書の様式は定められていませんので、この様式によらなくても構いません。
2．▒▒▒は、建設業法で定められた記載事項です。
3．説明書きの後ろに（※）があるものは、技術者等を置かない場合もあるので、その際は記載不要です。
4．「権限及び意見申出方法」は、建設業法では相手方に対して書面により通知することになっていますので、その通知書や契約書に定められている旨を記載するとともに、その写しを添付します。
5．事業者ID及び現場IDは建設キャリアアップシステムで使用しているものを記載します。

（外国人建設就労者欄の記載内容）

施工体制台帳等の外国人建設就労者の従事の状況の
記載欄は、何を書けばよいのですか。

　施工体制台帳及び再下請通知書の「一号特定技能外国人、外国人技能実習
生及び外国人建設就労者の従事の状況」は、当該工事現場に従事するこれら
の者の有無を記載することとされています。

　一号特定技能外国人制度とは、生産性向上や国内人材の確保のための取り
組みを行ってもなお人材を確保することが困難な状況にある産業上の分野に
おいて、一定の専門性、技能を有し即戦力となる外国人を受け入れていくも
のです。

　外国人技能実習生制度とは、我が国で培われた技能、技術又は知識を開発
途上地域等に移転することによって当該地域等の経済発展を担う人づくりに
寄与することを目的に作られたものです（技能実習の適正な実施及び技能実
習生の保護に関する法律）。

　外国人建設就労者とは、建設分野技能実習を修了した者であって、受け入
れ建設企業との雇用契約に基づく労働者として建設特定活動に従事すること
を認める制度です（平成29年10月23日国土交通省告示第947号）。建設分野の
技能実習修了者について、技能実習を修了して一旦本国へ帰国した後に再入
国し、雇用関係の下で建設業務に従事することができることとされています
（2022年度末で制度終了）。

	①技能実習制度	②外国人建設就労者受入事業	③特定技能
目　的	人づくり、国際技能移転、国際協力	人手不足対策 （2020年度で新規受入終了）	人手不足対策
対象者のレベル	見習い、未経験者	即戦力 （技能実習2号修了など）	即戦力 （技能実習2号修了など）
在留資格	技能実習	特定活動	特定技能
在留期間	2号：3年 3号：5年	2年（最大3年）	1号：5年 2号：制限なし
人材紹介を行う主体	監理団体	特定監理団体	（一社）建設技能人材機構
受入に必要な計画策定	技能実習計画 （外国人技能実習機構の認定）	適正監理計画 （国土交通大臣の認定）	受入計画 （国土交通大臣の認定）

（作業員名簿）

 **作業員名簿とは何ですか。何を書けばよいのです
か。**

　施工体制台帳及び再下請通知書の記載事項に、各作業員の加入している健
康保険、厚生年金保険及び雇用保険の加入状況に関する事項が追加され、作
業員名簿の作成が実質的に義務付けられています。

　この作業員名簿を活用することで、建設工事の施工現場で就労する建設労
働者について、保険加入状況を把握することが可能となります。

　なお、各作業員の保険加入状況の確認を行う際には、登録時に社会保険の
加入証明書類等の確認を行うなど情報の真正性が厳正に担保されている建設
キャリアアップシステムの登録情報を活用し、同システムの閲覧画面等にお
いて作業員名簿を確認して保険加入状況の確認を行うことを原則とするとさ
れています（社会保険の加入に関する下請指導ガイドライン　令和4年4
月）。

○作業員名簿の記載例

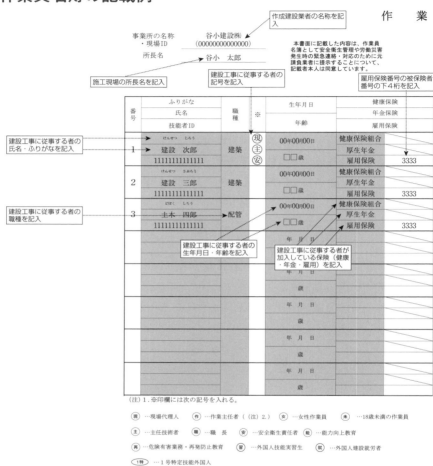

作　　業

作成建設業者の名称を記入

事業所の名称
・現場ID
谷小建設㈱
(00000000000000)

所長名
谷小　太郎

本書面に記載した内容は、作業員名簿として安全衛生管理や労働災害発生時の緊急連絡・対応のために元請負業者に提示することについて、記載者本人は同意しています。

施工現場の所長名を記入

建設工事に従事する者の記号を記入

雇用保険番号の被保険者番号の下4桁を記入

番号	ふりがな 氏名 技能者ID	職種	※	生年月日 年齢	健康保険 年金保険 雇用保険	
1	けんせつ　じろう 建設　次郎 11111111111111	建築	現 主 安	00年00月00日 □□歳	健康保険組合 厚生年金 雇用保険	3333
2	けんせつ　さぶろう 建設　三郎 11111111111111	建築		00年00月00日 □□歳	健康保険組合 厚生年金 雇用保険	3333
3	どぼく　しろう 土木　四郎 11111111111111	配管		00年00月00日 □□歳	健康保険組合 厚生年金 雇用保険	3333
				年　月　日 歳		
				年　月　日 歳		
				年　月　日 歳		
				年　月　日 歳		
				年　月　日 歳		

建設工事に従事する者の氏名・ふりがなを記入

建設工事に従事する者の職種を記入

建設工事に従事する者の生年月日・年齢を記入

建設工事に従事する者が加入している保険（健康・年金・雇用）を記入

(注) 1. ※印欄には次の記号を入れる。

㊟ …現場代理人　　作 …作業主任者（注）2.）　　女 …女性作業員　　未 …18歳未満の作業員

㊟ …主任技術者　　㊤ …職　長　　安 …安全衛生責任者　　㊟ …能力向上教育

㊟ …危険有害業務・再発防止教育　　㊟ …外国人技能実習生　　㊟ …外国人建設就労者

㊟ …1号特定技能外国人

(注) 2. 作業主任者は作業を直接指揮する義務を負うので、同時に施工されている他の現場や、同一現場においても　他の作業箇所との作業主任者を兼務することは、法的に認められていないので、複数の選任としなければならない。

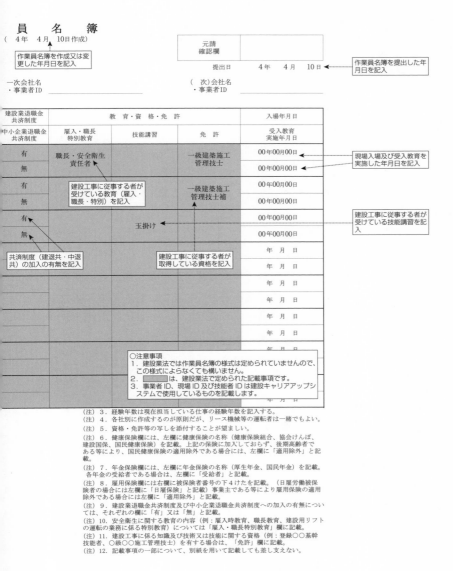

員　名　簿

（　4 年　4 月　10日作成）

作業員名簿を作成又は変更した年月日を記入

	元請確認欄	

提出日　　4 年　　4 月　　10日 ← 作業員名簿を提出した年月日を記入

一次会社名
・事業者ID _____

（　次）会社名
・事業者ID _____

建設業退職金共済制度	教　育・資　格・免　許			入場年月日	
中小企業退職金共済制度	雇入・職長特別教育	技能講習	免　許	受入教育実施年月日	
有	職長・安全衛生責任者		一級建築施工管理技士	00年00月00日	← 現場入場及び受入教育を実施した年月日を記入
無				00年00月00日	
有	建設工事に従事する者が受けている教育（雇入・職長・特別）を記入		一級建築施工管理技士補	00年00月00日	
無				00年00月00日	
有		玉掛け		00年00月00日	← 建設工事に従事する者が受けている技能講習を記入
無				00年00月00日	
		建設工事に従事する者が取得している資格を記入		年　月　日	
				年　月　日	
				年　月　日	
				年　月　日	
				年　月　日	
				年　月　日	
				年　月　日	

共済制度（建退共・中退共）の加入の有無を記入

建設工事に従事する者が受けている教育（雇入・職長・特別）を記入

建設工事に従事する者が取得している資格を記入

○注意事項
1．建設業法では作業員名簿の様式は定められていませんので、この様式によらなくても構いません。
2．▨▨▨▨は、建設業法で定められた記載事項です。
3．事業者ID、現場ID及び技能者IDは建設キャリアアップシステムで使用しているものを記載します。

（注）3．経験年数は現在担当している仕事の経験年数を記入する。
（注）4．各社別に作成するのが原則だが、リース機械等の運転者は一緒でもよい。
（注）5．資格・免許等の写しを添付することが望ましい。
（注）6．健康保険欄には、左欄に健康保険の名称（健康保険組合、協会けんぽ、建設国保、国民健康保険）を記載。上記の保険に加入しておらず、後期高齢者である等により、国民健康保険の適用除外である場合には、左欄に「適用除外」と記載。
（注）7．年金保険欄には、左欄に年金保険の名称（厚生年金、国民年金）を記載。各年金の受給者である場合は、左欄に「受給者」と記載。
（注）8．雇用保険欄には右欄に被保険者番号の下4けたを記載。（日雇労働被保険者の場合には左欄に「日雇保険」と記載）事業主である等により雇用保険の適用除外である場合には左欄に「適用除外」と記載。
（注）9．建設業退職金共済制度及び中小企業退職金共済制度への加入の有無については、それぞれの欄に「有」又は「無」と記載。
（注）10．安全衛生に関する教育の内容（例：雇入時教育、職長教育、建設用リフトの運転の業務に係る特別教育）については「雇入・職長特別教育」欄に記載。
（注）11．建設工事に係る知識及び技術又は技能に関する資格（例：登録○○基幹技能者、○級○○施工管理技士）を有する場合は、「免許」欄に記載。
（注）12．記載事項の一部について、別紙を用いて記載しても差し支えない。

211

施工体系図の具体的な記載内容について教えてください。

（施工体系図に記載すべき内容）

　施工体系図は、作成された施工体制台帳に基づいて、各下請負人の施工分担関係が一目で分かるようにした図面のことです。施工体系図を見ることによって、工事に携わる関係者全員が、工事における施工分担関係を把握することができます。

　記載内容は次のとおりです。

1　作成建設業者の商号又は名称

2　作成建設業者が請け負った建設工事の名称、工期及び発注者の商号、名称又は氏名、監理技術者又は主任技術者の氏名並びに監理技術者補佐を置くときにはその者の氏名、専門技術者を置くときは、その者の氏名及びその者が管理をつかさどる建設工事の内容

3　建設工事の下請負人で現にその請け負った建設工事を施工しているものの商号又は名称、代表者の氏名、一般建設業又は特定建設業の別、許可番号

4　建設工事の内容及び工期並びに当該下請負人が建設業者であるときは、特定専門工事の該当の有無、主任技術者の氏名、専門技術者を置くときはその者の氏名及びその者が管理をつかさどる建設工事の内容

（施工体系図の掲示）

　施工体系図は工事の期間中、民間工事については工事現場の工事関係者が見やすい場所に、公共工事については工事現場の工事関係者が見やすい場所に加えて、公衆の見やすい場所にも掲示しなければなりません。

　また、下請業者に変更があった場合は、速やかに施工体系図の表示を変更しなければなりません。

●施工体系図のイメージ

工事の名称、工期、発注者の名称

施 工 体 系 図

各下請業者の施工の
分担関係を図示した
フロー図

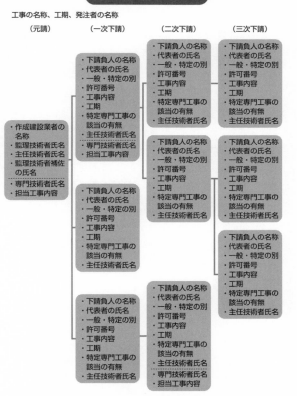

（元請）　　　　　（一次下請）　　　　　（二次下請）　　　　　（三次下請）

・作成建設業者の
　名称
・監理技術者氏名
・主任技術者氏名
・監理技術者補佐
　の氏名
・専門技術者氏名
・担当工事内容

・下請負人の名称
・代表者の氏名
・一般・特定の別
・許可番号
・工事内容
・工期
・特定専門工事の
　該当の有無
・主任技術者氏名
・専門技術者氏名
・担当工事内容

・下請負人の名称
・代表者の氏名
・一般・特定の別
・許可番号
・工事内容
・工期
・特定専門工事の
　該当の有無
・主任技術者氏名

・下請負人の名称
・代表者の氏名
・一般・特定の別
・許可番号
・工事内容
・工期
・特定専門工事の
　該当の有無
・主任技術者氏名
・専門技術者氏名
・担当工事内容

・下請負人の名称
・代表者の氏名
・一般・特定の別
・許可番号
・工事内容
・工期
・特定専門工事の
　該当の有無
・主任技術者氏名

・下請負人の名称
・代表者の氏名
・一般・特定の別
・許可番号
・工事内容
・工期
・特定専門工事の
　該当の有無
・主任技術者氏名

・下請負人の名称
・代表者の氏名
・一般・特定の別
・許可番号
・工事内容
・工期
・特定専門工事の
　該当の有無
・主任技術者氏名

・下請負人の名称
・代表者の氏名
・一般・特定の別
・許可番号
・工事内容
・工期
・特定専門工事の
　該当の有無
・主任技術者氏名

注1）下請負人に関する表示は、現に施工中（契約書上の工期中）の者に限り行えば
　　　足りる。
注2）主任技術者の氏名は、当該下請負人が建設業者であるときに限り行う。
注3）「専門技術者」とは、監理技術者又は主任技術者に加えて置く第26条の2の規
　　　定による技術者をいう。

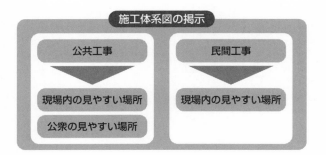

施工体系図の掲示

公共工事

民間工事

現場内の見やすい場所

公衆の見やすい場所

現場内の見やすい場所

○施工体系図の記載例

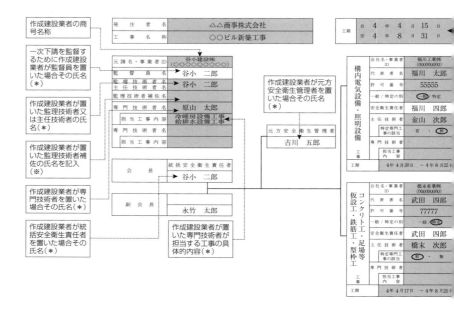

作成建設業者の商号名称	発注者名 △△商事株式会社
	工事名称 ○○ビル新築工事
工期 自 4 年 4 月 15 日 至 4 年 8 月 31 日	

作成建設業者の商号名称	元請名・事業者ID 谷小建設㈱ (○○○○○○○○○)
一次下請を監督するために作成建設業者が監督員を置いた場合その氏名（＊）	監督員名 谷小 二郎
作成建設業者が置いた監理技術者又は主任技術者の氏名（＊）	監理技術者名 主任技術者名 谷小 二郎
	監理技術者補佐名
作成建設業者が置いた監理技術者補佐の氏名を記入（※）	専門技術者名 原山 太郎
	担当工事内容 冷暖房設備工事 給排水設備工事
作成建設業者が専門技術者を置いた場合その氏名（＊）	専門技術者名
	担当工事内容

作成建設業者が元方安全衛生管理者を置いた場合その氏名（＊）

元方安全衛生管理者 古川 五郎

会 長	統括安全衛生責任者 谷小 二郎
副 会 長	永竹 太郎

- 作成建設業者が統括安全衛生責任者を置いた場合その氏名（＊）
- 作成建設業者が置いた専門技術者が担当する工事の具体的内容（＊）

構内電気設備・照明設備	会社名・事業者ID	福川工業㈱ (○○○○○○○○)
	代表者名	福川 太郎
	許可番号	55555
	一般／特定の別	一般 特定
	安全衛生責任者	福川 四郎
	主任技術者	金山 次郎
工事	特定専門工事の該当	有・無
	担当工事内容	
工期	4年4月30日 ～ 4年8月25日	

コンクリート工・仮設工・鉄筋工・足場等・型枠工	会社名・事業者ID	橋末産業㈱ (○○○○○○○○)
	代表者名	武田 四郎
	許可番号	77777
	一般／特定の別	一般 特定
	安全衛生責任者	武田 四郎
	主任技術者	橋末 次郎
工事	特定専門工事の該当	有・無
	専門技術者	
	担当工事内容	
工期	4年4月17日 ～ 4年8月25日	

注意
1. 建設業法では様式は定められていませんので、この様式によらなくてもかまいません。

2. 色付き部分は建設業法で定められた記載事項です。

3. 説明書きの後に＊印がある部分は置かない場合もあるので、そのときは記載不要です。

4. 下請負人が建設業の許可を受けていない場合は下請負人に関する「主任技術者」「専門技術者」に係る部分は記載不要です。

5. 事業者ID及び現場IDは建設キャリアアップシステムで使用しているものを記載します。

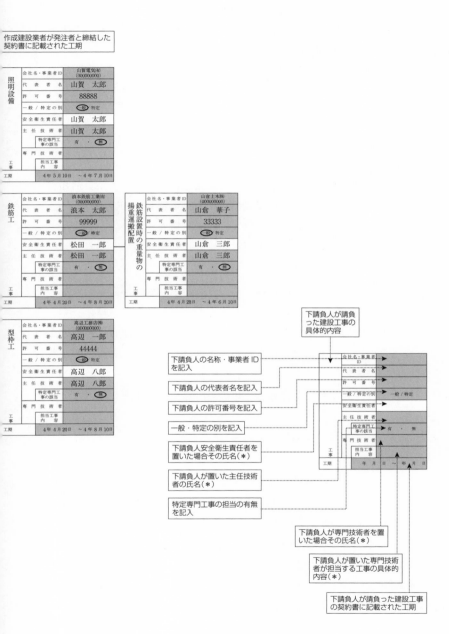

作成建設業者が発注者と締結した
契約書に記載された工期

照明設備	会社名・事業者ID	山賀電気㈱ (000000000)
	代 表 者 名	山賀　太郎
	許 可 番 号	88888
	一般／特定の別	一般・特定
	安全衛生責任者	山賀　太郎
	主 任 技 術 者	山賀　太郎
	特定専門工 事の該当	有 ・ 無
	専 門 技 術 者	
工事	担当工事 内容	
工期	4年 5月 10日　〜 4年 7月 10日

鉄筋工	会社名・事業者ID	浪本鉄筋工業㈱ (000000000)
	代 表 者 名	浪本　太郎
	許 可 番 号	99999
	一般／特定の別	一般・特定
	安全衛生責任者	松田　一郎
	主 任 技 術 者	松田　一郎
	特定専門工 事の該当	有 ・ 無
	専 門 技 術 者	
工事	担当工事 内容	
工期	4年 4月 20日　〜 4年 8月 20日

鉄筋設置時の重量物の揚重運搬配置

	会社名・事業者ID	山倉土木㈱ (000000000)
	代 表 者 名	山倉　華子
	許 可 番 号	33333
	一般／特定の別	一般・特定
	安全衛生責任者	山倉　三郎
	主 任 技 術 者	山倉　三郎
	特定専門工 事の該当	有 ・ 無
	専 門 技 術 者	
工事	担当工事 内容	
工期	4年 4月 28日　〜 4年 6月 10日

型枠工	会社名・事業者ID	高辺工務店㈱ (000000000)
	代 表 者 名	高辺　一郎
	許 可 番 号	44444
	一般／特定の別	一般・特定
	安全衛生責任者	高辺　八郎
	主 任 技 術 者	高辺　八郎
	特定専門工 事の該当	有 ・ 無
	専 門 技 術 者	
工事	担当工事 内容	
工期	4年 4月 20日　〜 4年 8月 20日

下請負人が請負った建設工事の具体的内容

下請負人の名称・事業者IDを記入

下請負人の代表者名を記入

下請負人の許可番号を記入

一般・特定の別を記入

下請負人安全衛生責任者を置いた場合その氏名(＊)

下請負人が置いた主任技術者の氏名(＊)

特定専門工事の担当の有無を記入

下請負人が専門技術者を置いた場合その氏名(＊)

下請負人が置いた専門技術者が担当する工事の具体的内容(＊)

下請負人が請負った建設工事の契約書に記載された工期

215

（施工体制台帳の作成方法）

 Q 6-8 施工体制台帳を作成しようとしていますが、どのように作成すればよいのでしょうか。

施工体制台帳は、所定の記載事項と添付書類から成り立っています。

その作成は、

① 発注者から請け負った建設工事に関する事実

② 施工に携わるそれぞれの下請負人から直接提出される再下請負通知書

③ 各下請負人の注文者を経由して提出される再下請負通知書

④ 自ら把握した施工に携わる下請負人に関する情報

に基づいて行うことになります（建設業法施行規則第14条の2等）。

施工体制台帳を作成するためには、このような情報を把握する必要がありますが、このため、作成建設業者に該当することとなったときは、

① 自社が下請契約を締結した下請負人に対し、下請負人が再下請契約を締結した場合には、再下請負通知を行わなければならないことなどを記載した書面を交付する

② 交付した内容を記載した書面を工事現場の見やすい場所に掲げなければならない

こととされています（同規則第14条の3）。

作成に当たっては、作成建設業者が自ら記載してもよいですし、所定の記載事項が記載された書面や各下請負人から提出された再下請負通知書を束ねてもよいとされています。ただし、いずれの場合も下請負人ごとに、かつ、施工の分担関係が明らかになるようにしなければなりません。

また、添付書類についても同様に整理して添付しなければなりません。

施工体制台帳は、1冊に整理されていることが望ましいのですが、それぞれの関係を明らかにして、分冊により作成しても差し支えありません。

　なお、施工体制台帳の記載や下請業者への文書通知については、インターネット等を用いた方法によることもできます。

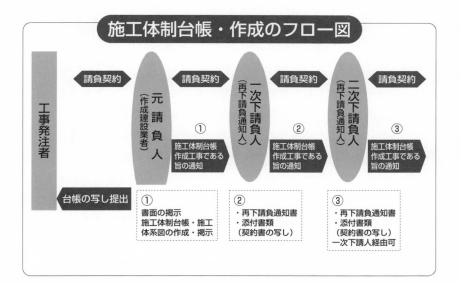

① 一次下請締結後
　元請である建設業者が、作成建設業者に該当することとなったときは、遅滞なく、一次下請負人に対し施工体制台帳作成工事である旨の通知を行うとともに、工事現場の見やすい場所にその旨が記載された書面を掲示し、施工体制台帳及び施工体系図を整備します。

② 二次下請締結後
　一次下請負人は、作成建設業者に対し再下請負通知書を（添付書類である請負契約書の写しを含む。）を提出するとともに、二次下請負人に施工体制台帳作成工事である旨の通知を行います。
　作成建設業者は一次下請負人から提出された再下請負通知書により、又は自ら把握した情報に基づき施工体制台帳及び施工体系図を整備します。

③ 三次下請締結後
　二次下請負人は、作成建設業者に対し、再下請負通知書（添付書類である請負契約書の写しを含む。）を提出する（一次下請負人を経由して提出することもできる）とともに、三次下請負人に対し施工体制台帳作成工事である旨の通知を行います。
　作成建設業者は、二次下請負人から提出された再下請負通知書若しくは自ら把握した情報に基づき記載する方法、又は再下請負通知書を添付する方法、のいずれかにより施工体制台帳及び施工体系図を整備します。

Q 6-9 発注者から、下請業者間での下請契約についても、金額の入った契約書を再下請負通知書に添付するようにいわれました。民間工事でも、必ず金額の入ったものを添付しなければならないのでしょうか。

A

　民間工事の場合の下請業者間での下請契約については、請負金額を記載した部分が抹消されている契約書の写しで差し支えありません。

　施工体制台帳には、発注者と元請業者との請負契約書や元請業者と一次下請業者との下請契約書のほか、一次下請業者と二次下請業者との下請契約書など施工に関して締結されたすべての建設工事の下請契約書の写しを添付しなければなりません（建設業法施行規則第14条の2第2項）。

　添付すべき契約書は、建設業法第19条各号に掲げる事項が網羅されているものでなければなりませんので、原則として、契約書には請負金額が記載されていることになります。

　ただし、作成建設業者が注文者となった下請契約以外の下請契約については、入札契約適正化法による公共工事を除いて、請負金額を記載した部分が抹消されている契約書の写しで差し支えないこととされていますので、民間工事の場合の下請業者間での下請契約書の写しについては、金額欄を墨塗りなどして添付すればよいこととなります。

公共工事では、すべての下請契約について請負金額の記載がされたものが必要です。
民間工事の下請契約については、請負金額を抹消したものでも差し支えありません。

「施工体制台帳・施工体系図」作成に係る関係者への周知義務

まずは、施工体制台帳作成工事であることを工事関係者に周知しよう‼

提　　示

行う者：元請負人
●現場内の見やすい場所に再下請負通知書の提出案内を掲示

書面通知

行う者：すべての業者
●下請負人に工事を発注する際以下を書面で通知
　●元請負人の名称　●再下請負通知が必要な旨

現場への掲示文例

　この建設工事の下請負人となり、その請け負った建設工事を他の建設業を営む者に請け負わせた方は、遅滞なく、工事現場内建設ステーション／△△営業所まで、建設業法施行規則（昭和24年建設省令第14号）第14条の4に規定する再下請負通知書を提出してください。一度通知した事項や書類に変更が生じたときも変更の年月日を付記して同様の書類の提出をしてください。　　　　　　　　　　　　　　　　　　　〇〇建設（株）

下請負人への書面通知例

下請負人となった皆様へ
　今回、下請負人として貴社に施工を分担していただく建設工事については、建設業法（昭和24年法律第100号）第24条の8第1項により、施工体制台帳を作成しなければならないこととなっています。
①　この建設工事の下請負人（貴社）は、その請け負った建設工事を他の建設業を営む者（建設業の許可を受けていない者を含みます。）に請け負わせたときは、建設業法第24条の8第2項の規定により、遅滞なく、建設業法施行規則（昭和24年建設省令第14号）第14条の4に規定する再下請負通知書を当社あてに次の場所まで提出しなければなりません。また、一度通知いただいた事項や書類に変更が生じたときも、遅滞なく、変更の年月日を付記して同様の通知書を提出しなければなりません。
②　貴社が工事を請け負わせた建設業を営む者に対しても、この書面を複写し交付して、「もしさらに他の者に工事を請け負わせたときは、作成建設業者に対する①の通知書の提出と、その者に対するこの書面の写しの交付が必要である」旨を伝えなければなりません。
　　作成建設業者の商号　　　　〇〇建設（株）
　　再下請負通知書の提出場所　工事現場内建設ステーション／△△営業所

（いわゆる一人親方と施工体制台帳等）

Q 6-10

いわゆる一人親方との下請契約についても、施工体制台帳及び施工体系図の作成範囲に含めなければなりませんか。また、施工体制台帳及び再下請負通知書における健康保険等の加入状況の欄には、いわゆる一人親方が事業主として受注した場合には、どのように記載するのですか。

　いわゆる一人親方とは、建設業においては、建設工事請負契約関係にある個人事業主のことをいいます。このようないわゆる一人親方に、下請工事を施工させる場合には、当該一人親方は契約上の事業者となりますので、施工体制台帳及び施工体系図には、当該一人親方を記入する必要があります。

　また、施工体制台帳及び再下請負通知書における健康保険等の加入状況の欄には、いわゆる一人親方が事業主として受注した場合には、「保険加入の有無」欄は「適用除外」とし、「事業所整理記号等」欄のうち各保険番号欄は空白にします。

　なお、請負契約の形式をとっていても、業務遂行上の指揮監督の有無、専属制の程度などの実態が雇用労働者であれば、労働者としての保険関係規定が適用され、保険料については追徴される可能性が生じます。

（一括下請負の承諾と施工体制台帳等）

Q 6-11 民間工事において、発注者による一括下請負の承諾が出されている場合、施工体制台帳等に元請業者の記載は必要ないのでしょうか。

A

民間工事については、共同住宅を新築する工事は、一括下請負はどのような場合でも禁止されていますが、それ以外のものについては、あらかじめ、発注者の書面による承諾があれば一括下請負の禁止の規定が適用されないこととされています（建設業法第22条第3項）。

しかしながら、同項の規定は、単に一括下請負の禁止規定を適用しないことを定めたにすぎず、それ以外の元請業者としての義務を何ら変更するものではありません。

したがって、元請業者としての施工体制台帳等の作成義務や監理技術者等の現場技術者の設置義務などについては、依然として元請業者に残っており、一括下請負が許される場合でも、元請業者は施工体制台帳等を作成することが必要です。

なお、発注者との調整、官公庁への届出等の元請業者に固有の事務を下請負人が行うことは考えられていませんので、このような面からも施工体制台帳等に元請業者を明記することが必要です。

一括下請負が許される場合でも、元請は施工体制台帳等を作成したり、現場に技術者を設置したりすることが必要です。

（施工体制台帳等の保存）

 6-12 建設工事が完了し、工事目的物も発注者に引き渡しました。施工時に作成した施工体制台帳等は廃棄処分してよいのでしょうか。

　施工体制台帳の備え置き及び施工体系図の掲示は、発注者から請け負った建設工事の目的物を発注者に引き渡すまで行わなければなりません（契約工期の途中で、契約の解除などにより目的物を完成させる債務とそれに対する報酬を受け取る債権とが消滅した場合は、その債権債務の消滅時点までです。）（建設業法施行規則第14条の7）。

　また、施工体制台帳の一部は、営業所の帳簿（建設業法第40条の3）の添付資料としなければならないこととされています（同規則第26条第2項第3号）。

　この帳簿への添付が必要な部分は、次の事項が記載された部分で、工事の目的物の引渡しから5年間の保存が必要となります（同規則第28条）。これ以外の部分は、適宜処分してよいことになります。

① 　主任技術者、監理技術者又は監理技術者補佐の氏名・資格

② 　下請業者の名称・許可番号等

③ 　下請工事の内容及び工期

④ 　下請業者の主任技術者等の氏名・資格

　なお、施工体系図は、営業所において、建設工事の目的物の引渡しをしたときから10年間保存しなければならないとされています（同規則第28条第2項）。

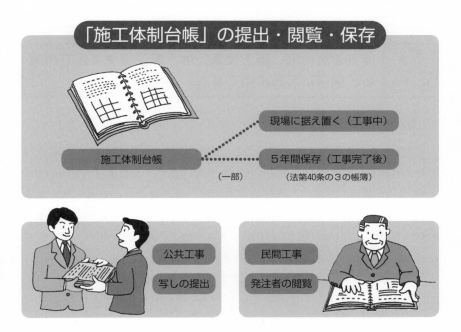

「施工体制台帳」の提出・閲覧・保存

施工体制台帳

現場に据え置く（工事中）

５年間保存（工事完了後）
（一部）　（法第40条の３の帳簿）

公共工事

写しの提出

民間工事

発注者の閲覧

施工体制台帳の一部は、工事目的物の引渡し後も５年間は保存することが必要です。
また、施工体系図は、10年間の保存が必要です。

（施工体制台帳等の電子情報での保存）

**Q
6-13** 施工体制台帳、施工体系図は、電子ファイルで作成し、保存してもよいですか。

　施工体制台帳の①監理技術者（設置したときは監理技術者補佐）の氏名及びその資格等、②下請負人の商号、名称、許可番号、③下請け工事の内容、工期、④下請負人が置いた主任技術者の氏名及び資格等が記載された部分は、営業所の帳簿に添付し工事目的物の引き渡しをしたときから5年間保存しなければならないとされています。また、施工体系図は、同様に10年間保存しなければならないとされています。これらの情報は、電子ファイルで作成し、保存することが認められています（建設業法施行規則第28条）。

7　ＪＶ制度

（共同企業体の法的性格）

共同企業体とはどのようなものですか。またその法的性格はどのように考えられますか。

　共同企業体（ジョイント・ベンチャー）は、１つの建設工事を複数の建設業者が共同で受注・施工する事業組織体であり、その法的性格は法人格のない団体であり、民法上の組合の一種です。

　共同企業体は、建設業者が単独で受注及び施工を行う場合とは異なり、複数の建設業者が１つの建設工事を共同で受注し、施工・完成させることを目的として形成されます。

　共同して事業を行うことの合意そのものは、共同企業体の構成員間の契約（共同企業体協定書）によるもので、共同企業体は、各構成員間の契約関係から生ずる人的結合関係（団体の一種）であるということができます。

　このため、共同企業体協定書に規定のない事項については、民法の組合に関する規定に基づいて処理されることが妥当です。

（共同企業体の権利主体性）

 共同企業体において権利主体性は、どのように認められていますか。

共同企業体の権利主体性は、権利に係る分野で広く認められています。

共同企業体は法人格を有しない団体（民法上の組合）であるため、共同企業体として行った法律行為の権利義務は、原則として各構成員に帰属し、共同企業体に帰属するものではないと考えられています。

そのため、共同企業体が第三者と法律行為（下請契約の締結、資機材の購入契約の締結、火災保険契約の締結等）を行うには、常に構成員全員の名義を表示するのが原則です。

共同企業体の外部関係について共同企業体を代表する権限が与えられている代表者制度を設けている場合でも、共同企業体構成員全員の名義を表示したうえで代表者の名義を表示して法律行為を行うことになります。

しかし、共同企業体が建設工事の完成という目的を達成するために行う法律行為すべてが、常に全構成員の表示がないと共同企業体としての権利義務、つまり全構成員の権利義務にならないのでは、実務上不便な場合があります。

共同企業体の法律行為として、全構成員の表示を必要とする方法以外の他の方法による共同企業体の権利主体性が認められるかが問題となります。

たとえば、共同企業体を代表する権限を有する代表者が、共同企業体代表者と表示（○○共同企業体代表者○○と表示）して法律行為を行ったとき、その法律行為に基づく権利義務を共同企業体自体が取得し、負担し得るかであり、あるいは、代表者の表示も省略し、単に○○共同企業体とのみ表示して行った法律行為の帰属はどうなるかということです。

法人格を有する団体は属人的な権利を除き、全ての面で権利主体性が認められています。

共同企業体については、共同企業体と取引をする相手方が共同企業体代表

者名義（○○共同企業体代表者○○）或いは共同企業体名のみ（○○共同企業体）を表示した取引を承知するなら、民法における私的自治の原則からみて、これを肯定することは合理的です。

　このように共同企業体の権利主体性が認められる範囲は、私的自治の原則が働く余地の大きい権利の分野で広く認められます。しかし、一方、私権を制限する義務の分野ではほとんど認められないと考えられます。

　たとえば、火災保険契約、前払保証契約の締結等は共同企業体代表者名義で行われています。下請契約の締結（甲型共同企業体の場合）、建設資材メーカー・機材リース会社への注文書及び領収書等の表示などは共同企業体の名義のみの表示で行うこともあるようです。

　これに対して、建設業法の許可は、建設工事を営む者に対して、一定の要件を満たす場合に限り同法の許可を認めるものであり、その許可は、実質的な施工主体に対して行うこととなります。このため、各構成員がそれぞれ各社の内容に応じた許可を受けている必要があります。また、税法上では共同企業体の施工により得た利益については、その分配を受けた各構成員に対して課税されています。

　このように、共同企業体の権利主体性（代表者名義、共同企業体のみの名義による法律行為）は、とくに権利に係る分野で認められています。

（共同企業体の形態）

共同企業体の形態にはどのようなものがありますか。

　共同企業体の形態は、その活用目的の違いによる区別（特定建設工事共同企業体と経常建設共同企業体）と、共同企業体の施工方式の違いによる区別（甲型共同企業体＝共同施工方式と乙型共同企業体＝分担施工方式）とに分類されます。そして、活用目的と共同企業体としての施工方式は一致せず、両者の適正な組合せは、工事の性質等により判断されるべきものです。

1　特定型と経常型の相違

① 特定建設工事共同企業体（特定 JV）
　大規模かつ技術的難度の高い工事の施工に際して、技術力等を結集することにより工事の安定的施工を確保する場合等工事の規模・性格等に照らし、共同企業体による施工が必要と認められる場合に工事毎に結成する共同企業体

　特定建設工事共同企業体（特定 JV）とは、特定の建設工事の施工を目的として工事ごとに結成される共同企業体であり、工事が完了すれば解散することとなります。特定 JV は、単体発注の原則を前提に、工事の規模、性格等に照らし、共同企業体による施工が必要と認められる場合に限り活用される共同企業体として位置付けられています。この他にも、必ずしも単体企業で施工できない工事ではないものの、大規模かつ技術的難度の高い工事についてその共同施工を通じて地元建設業者に技術の移転を図る効果が期待される場合に特定 JV を活用することも想定されますが、このような場合には、不良・不適格業者の参入や施工の非効率化等の弊害を引き起こす可能性もあるため、真に必要な範囲においてのみ活用されるとともに、活用目的に応じて定められた対象工事の種類、構成員数等についての明確な基準に基づく適

正な活用が確保されることが不可欠です。

> ②　経常建設共同企業体（経常ＪＶ）
> 　中小・中堅建設業者が、継続的な協業関係を確保することによりその経営力・施工力を強化する目的で結成する共同企業体

　単体企業と同様、年度当初の競争入札参加資格申請時に共同企業体を結成し、共同企業体として資格認定及び業者登録を受け、工事の受注に当たっては、発注者からの業者指名を受けることなどにより、入札に参加し落札した場合は工事を施工するという方式の共同企業体です。

　このように、中小・中堅建設業者が継続的な協業関係を確保することによって、工事の施工に当たり総合力が発揮できる等、実質的に施工能力が増大したと認められる経常ＪＶに対しては、構成員単独では受注できなかった上位等級工事の機会を開き、中小・中堅建設業の育成・振興が図られることとされています。

2　甲型と乙型の相違

　甲型共同企業体、乙型共同企業体という名称は、使用する標準的な共同企業体協定書〈甲・乙〉の区別に従ったものです。

① 甲型共同企業体

　甲型共同企業体とは、共同施工方式のことであり、全構成員が各々あらかじめ定めた出資割合（たとえば、Ａ社40％、Ｂ社30％、Ｃ社30％）に応じて資金、人員、機械等を拠出して、一体となって工事を施工する方式をいいます。

　この「出資」とは、財産的価値のあるものをすべて対象としており、その出資の時期は共同企業体の資金計画に基づき工事の進捗に応じて決定されます。損益計算についても、共同企業体として会計単位を設けて、合同で損益計算が行われ、各構成員の企業会計への帰属は出資比率に応じたものとなります。

　利益（欠損）金の配分等については、各構成員の出資割合に従って配分が行われます。

②　乙型共同企業体

　乙型共同企業体とは、分担施工方式のことであり、各構成員間で共同企業体の請け負った工事をあらかじめ分割し、各構成員は、それぞれの分担した工事について責任をもって施工する方式をいいます。たとえば、水力発電施設建設工事において、A社はダム、B社は導水路、C社は発電所を分担して施工するというものです。

　表面的には分離・分割発注と似ていますが、最終的には他の構成員の施工した工事について、お互いが発注者に対して連帯責任を負うことになっているところが分離・分割発注と大きく異なります。

　各構成員は共通経費については共同企業体の事務局へ支払いますが、損益計算については、各構成員が自分の分担工事ごとに行い、甲型共同企業体のように構成員一体となった合同計算は行いません。したがって、乙型共同企業体では、構成員の中に、利益をあげた者と損失が生じた者とが混在する可能性もあります。

　利益（欠損）金の配分等についても、各社の損益計算で算定された利益（欠損）金が各社ごとに残ることになり、構成員間で利益と損失の調整がなされることはありません。

　しかし、乙型共同企業体であっても、運営委員会で定めた分担表に基づく責務を各構成員が果たすことのほか、施工の共同化、たとえば施工計画、施工監理さらには資機材の共同使用といった面についてもできる限り努力することが望まれます。

特定 JV	経常 JV
特定の工事の施工を目的として工事毎に結成される。工事完成後又は工事を受注することができなかった場合は解散する。 　特定 JV の対象となる工事は、大規模で技術的難度の高い工事としている。	中小・中堅建設業者が、継続的な協業関係を確保することにより、その経営力・施工力を強化する目的で結成する。 　発注機関の入札参加資格審査申請時に経常 JV として結成し、単体企業と同様に、一定期間、有資格業者として登録される。

甲型と乙型の主な相違点

	甲型共同企業体	乙型共同企業体
契約書上の名称	○○共同企業体	○○共同企業体
代　表　者	有	有
運　営　委　員　会	有	有
構成員の施工	出資比率に応じて一体となって施工する	自分の分担工事を施工する
共通経費の負担	出資比率に応じて負担する	分担工事額の割合に応じて負担する
費　用　計　算	一体となって行う	各自の分担工事ごとに行う
利益（欠損）金の分配	出資比率に応じて分配する	自分の分担工事ごとに費用計算をするので、分配の問題は生じない
施　工　責　任	構成員は工事全体について責任を負う	構成員は、まず自分の分担工事について責任を負うが、最終的には工事全体について連帯責任を負う
瑕疵担保責任	構成員が連帯して責任を負う	構成員が連帯して責任を負う

（技術者の配置）

建設工事を共同企業体方式（JV）で受注した場合、工事現場にはどのように技術者を配置すればよいのか教えてください。

Q
7-4

　建設業法第26条等の現場技術者の配置についての規定は、共同企業体の各構成員にも適用されます。

（甲型（共同施工方式）の場合）

　下請契約の額が4,500万円（建築一式工事の場合は7,000万円）以上となる場合には、特定建設業者たる構成員1社以上が監理技術者又は特例監理技術者を設置しなければなりません（同法第26条第2項）。

　特定建設業者である代表者が監理技術者又は特例監理技術者を設置すれば、その他の構成員は、主任技術者を設置することで差し支えありませんが、代表者の変更などの事態も考慮すると、監理技術者又は特例監理技術者となりうる者を主任技術者にしておくことが望まれています。

　また、その請負金額が4,000万円（建築一式工事の場合は8,000万円）以上となる場合は、設置された監理技術者等は専任でなければなりません（特例監理技術者を設置した場合を除く。）（同法第26条第3項）。

　なお、共同企業体が公共工事を施工する場合には、原則として、特定建設業者たる代表者が、請負金額にかかわらず監理技術者を専任で設置すべきであるとされています（特例監理技術者を設置した場合を除く。）（監理技術者制度運用マニュアル）。

（乙型（分担施工方式）の場合）

　1つの工事を複数の工区に分割し、各構成員がそれぞれ分担する工区で責任を持って施工する分担施工方式（乙型）にあっては、分担工事に係る下請契約の額が4,500万円（建築一式工事の場合は7,000万円）以上となる場合に

は、当該分担工事を施工する特定建設業者は、監理技術者又は特例監理技術者を設置しなければなりません（同マニュアル）。また、分担工事に係る請負金額が4,000万円（建築一式工事の場合は8,000万円）以上となる場合は、設置された監理技術者等は専任でなければなりません（特例監理技術者を設置した場合を除く。）（同マニュアル）。

　なお、共同企業体が公共工事を分担施工方式で施工する場合には、分担工事に係る下請契約の額が4,500万円（建築一式工事の場合は7,000万円）以上となる場合は、当該分担工事を施工する特定建設業者は、請負金額にかかわらず監理技術者を専任で設置すべきであるとされています（特例監理技術者を設置した場合を除く。）（同マニュアル）。

（共通事項）

　また、いずれの場合も、その他の構成員は、主任技術者を当該工事現場に設置しなければならないのですが、公共工事を施工する特定建設共同企業体にあっては国家資格を有する者を、また、公共工事を施工する経常建設共同企業体にあっては原則として国家資格を有する者を、それぞれ請負金額にかかわらず専任で設置すべきであるとされています（同マニュアル）。

　このほか、共同企業体による建設工事の施工が円滑かつ効率的に実施されるためには、すべての構成員が施工しようとする工事にふさわしい技術者を適正に設置し、共同企業体の体制を確保しなければなりません。したがって、各構成員から派遣される技術者等の数、資格、配置等は、信頼と協調に基づく共同施工を確保する観点から、工事の規模・内容等に応じ適正に決定される必要があります。このため、編成表の作成等現場職員の配置の決定に当たっては、次の事項に配慮する必要があります（同マニュアル）。

① 　工事の規模、内容、出資比率等を勘案し、各構成員の適正な配置人数を確保すること。
② 　構成員間における対等の立場での協議を確保するため、配置される職員は、ポストに応じ経験、年齢、資格等を勘案して決定すること。
③ 　特定の構成員に権限が集中することのないように配慮すること。
④ 　各構成員の有する技術力が最大限に発揮されるよう配慮すること。

甲型ＪＶの技術者配置の原則

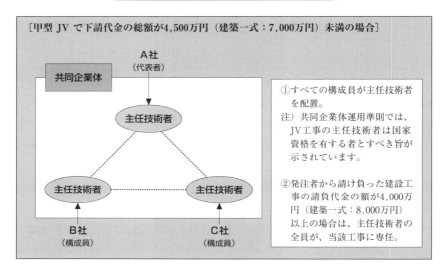

[甲型 JV で下請代金の総額が4,500万円（建築一式：7,000万円）未満の場合]

A社
（代表者）

共同企業体

主任技術者

主任技術者　　　　　　　　主任技術者

B社　　　　　　　　　　　　　C社
（構成員）　　　　　　　　　（構成員）

①すべての構成員が主任技術者
　を配置。
注）共同企業体運用準則では、
　　JV工事の主任技術者は国家
　　資格を有する者とすべき旨が
　　示されています。

②発注者から請け負った建設工
　事の請負代金の額が4,000万
　円（建築一式：8,000万円）
　以上の場合は、主任技術者の
　全員が、当該工事に専任。

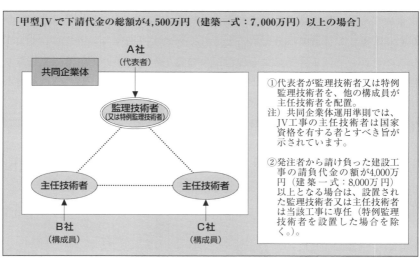

[甲型JVで下請代金の総額が4,500万円（建築一式：7,000万円）以上の場合]

A社
（代表者）

共同企業体

監理技術者
（又は特例監理技術者）

主任技術者　　　　　　　　主任技術者

B社　　　　　　　　　　　　　C社
（構成員）　　　　　　　　　（構成員）

①代表者が監理技術者又は特例
　監理技術者を、他の構成員が
　主任技術者を配置。
注）共同企業体運用準則では、
　　JV工事の主任技術者は国家
　　資格を有する者とすべき旨が
　　示されています。

②発注者から請け負った建設工
　事の請負代金の額が4,000万
　円（建築一式：8,000万円）
　以上となる場合は、設置され
　た監理技術者又は主任技術者
　は当該工事に専任（特例監理
　技術者を設置した場合を除
　く。）。

乙型ＪＶの技術者配置の原則

[乙型JVで下請代金の総額（a＋b＋c）が4,500万円（建築一式：7,000万円）未満の場合]

分担工事に係る
下請代金（a）
1,000万円

A社
（代表者）

共同企業体

主任技術者

主任技術者　　　　主任技術者

B社
（構成員）

C社
（構成員）

分担工事に係る
下請代金（b）
900万円

分担工事に係る
下請代金（c）
900万円

①すべての構成員が主任技術者を配置。

注）共同企業体運用準則では、JV工事の主任技術者は国家資格を有する者とすべき旨が示されています。

②分担工事に係る請負代金の額が4,000万円（建築一式：8,000万円）以上となる場合は、設置された主任技術者は当該工事に専任。

[乙型JVで下請代金の総額（a＋b＋c）が4,500万円（建築一式：7,000万円）以上の場合]

土木一式工事の場合

分担工事に係る
下請代金（a）
4,500万円

A社
（代表者）

共同企業体

監理技術者
（又は特例監理技術者）

監理技術者
（又は特例監理技術者）

主任技術者

B社
（構成員）

C社
（構成員）

分担工事に係る
下請代金（b）
4,500万円

分担工事に係る
下請代金（c）
2,000万円

①分担工事に係る下請代金の額が4,500万円（建築一式：7,000万円）以上となった者は監理技術者又は特例監理技術者を、他の構成員は主任技術者を配置。

注）共同企業体運用準則では、JV工事の主任技術者は国家資格を有する者とすべき旨が示されています。

②分担工事に係る請負代金の額が4,000万円（建築一式：8,000万円）以上となる場合は、設置された監理技術者又は主任技術者は当該工事に専任（特例監理技術者を設置した場合を除く。）。

（経営事項審査の取扱い（完成工事高等））

経営事項審査の申請に際して、共同企業体方式（JV）での工事実績は、完成工事高としてどのようにカウントすればよいのか教えてください。また、工事成績等にはどのように反映されるのでしょうか。

　共同企業体方式（JV）による工事の施工実績も、個別の構成員の完成工事高や工事成績に反映されます（「共同企業体の事務取扱いについて」昭和53年3月20日付建設省計振発第11号）。

① 完成工事高については、

　　甲型（共同施工方式）の場合には、請負代金額に各構成員の出資割合を乗じた額

　　乙型（分担施工方式）の場合には、運営委員会で定めた分担工事額

② 工事成績については、共同企業体により施工した工事についてそれを工事全体について評価するときは、甲型、乙型いずれの場合も、それをもって当該共同企業体構成員各自の工事成績として取り扱い得るものとする。

とされています。

　なお、共同企業体の工事で引き起こした労働災害については、甲型の場合は全構成員の労働災害率に反映されますが、乙型の場合は災害を引き起こした分担工事の担当構成員に限られるとするのが妥当と考えられています。賃金の不払いの場合についても、労働災害の取扱いに準ずるものと考えられています。

ＪＶで施工した工事の取扱い

甲型方式　　　乙型方式

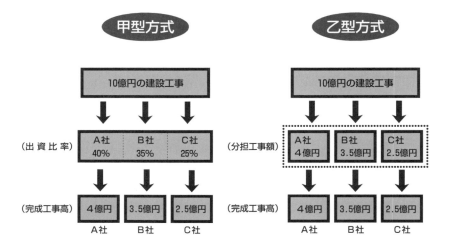

共同企業体の事務取扱いについて

昭和53年３月20日建設省計振発第11号

4　共同企業体による実績の個別企業への反映について

(1)　共同企業体により施工した工事については、次により算出した額を各構成員の完成工事高として取り扱うものとする。

　　イ　甲型共同企業体の場合

　　　　請負代金額に各構成員の出資の割合を乗じた額

　　ロ　乙型共同企業体の場合

　　　　運営委員会で定めた各構成員の分担工事額

(2)　共同企業体により施工した工事について工事の評価を行う場合において、それを工事全体につき評価するときは、甲型共同企業体、乙型共同企業体いずれの場合も、それをもって当該共同企業体構成員各自の工事評価として取り扱い得るものとする。

（施工体制台帳の作成等）

共同企業体方式（JV）による建設工事における施工体制台帳等の作成についてのポイントを教えてください。

　共同企業体（JV）は、複数の建設業者が契約に基づき、共同して１つの建設工事を請け負い、施工するために結成する事業組織体であり、共同企業体そのものは法人格を持たず、建設業の許可も持っていません。

　したがって、施工体制台帳や施工体系図の作成等の義務は、共同企業体の構成員である建設業者自体にかかりますが、共同企業体の形態の違いに応じて作成者や記載対象に違いがあります。

　甲型（共同施工方式）の場合には、１つの工事を構成員が共同して施工するものですから、通常、代表者である構成員が監理技術者又は特例監理技術者を設置し、施工体制台帳の作成等を行うこととなります。

　施工体制台帳に記載が必要な建設業者等の範囲は、工事の施工に係るすべての建設業を営む者です。その他の構成員も当該建設工事の施工に関与している建設業者であり、施工体制台帳等への記載の対象となります。

　乙型（分担施工方式）の場合には、共同企業体が請け負った建設工事を、あらかじめ複数の工区に分割し、各構成員がそれぞれ分担した工区の工事を責任を持って施工し、発注者に連帯責任を負うものですから、分担された工区ごとに、当該工区の施工の責任を持つ構成員が監理技術者又は特例監理技術者を設置し、施工体制台帳の作成等を行うこととなります。

　この場合の施工体制台帳に記載が必要な建設業者等の範囲は、当該分担工事の施工に係るすべての建設業を営む者となります。

ＪＶ方式の場合における施工体制台帳の作成者と記載対象の例

（ａ）甲型ＪＶの場合

□ は作成者

⬭ は記載対象

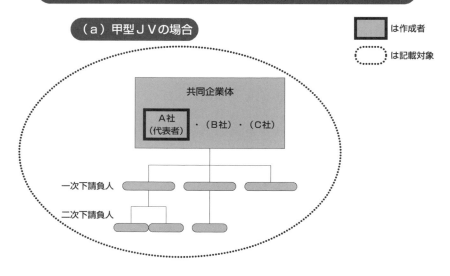

（ｂ）乙型ＪＶの場合（Ａ社の分担工事部分）

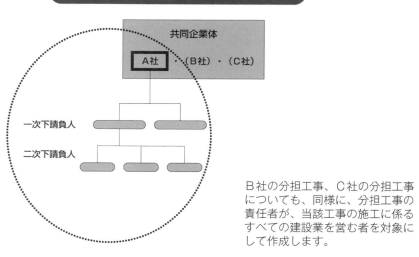

Ｂ社の分担工事、Ｃ社の分担工事についても、同様に、分担工事の責任者が、当該工事の施工に係るすべての建設業を営む者を対象にして作成します。

（下請契約）

共同企業体方式（JV）により受注した工事において、下請契約をする際に注意すべき点について教えてください。

（特定建設業の許可関係）

　甲型の共同企業体（JV）が発注者から直接請け負った1件の工事について、その工事の全部又は一部を、総額で4,500万円（建築一式工事の場合は7,000万円）以上となる下請契約を締結して施工しようとする場合は、代表者を含む1社が特定建設業の許可を有していることが必要とされています。ただし、倒産等による代表者の変更のおそれがあることを踏まえて、各構成員が特定建設業の許可を有していることが望まれます。

　乙型の共同企業体（JV）の構成員が、担当する工区に関する工事について総額で4,500万円（建築一式工事の場合は7,000万円）以上となる下請契約を締結して施工しようとする場合には、その構成員は特定建設業の許可を有していることが必要です。

（構成員との下請）

　共同企業体は、それ自体は法人格を有していません。したがって、共同企業体とその構成員である企業とが契約することは、民法第108条の自己契約に該当し、建設業法の下請契約としては認めがたいものと考えられます。

　また、このような契約は、出資比率に比べて一構成員が施工の多くを手がけることとなるため、実体上は共同企業体制度の趣旨に反するとともに、一括下請負に該当するなどの建設業法違反となるおそれが強く、他の構成員の実質的な関与を担保する手段がないため、適当でないとされています。

（下請としての共同企業体の適否）

　共同企業体が請け負った建設工事を他の共同企業体に下請させることにつ

いては、直ちに建設業法違反ということではありませんが、共同企業体制度が元請の制度として考えられていることから、下請としての共同企業体については想定していません。また、一括して発注すれば一括下請負の禁止（建設業法第22条）に該当するおそれも強いものになります。

　以上のような建設業法上の観点のほか、共同企業体としての性格から、契約行為について次のような注意事項があります（平成10年1月30日付建設省経振発第8号）。

①　契約書では、各構成員が連帯で責任を負う旨明記し、契約の締結は、共同企業体の名称を冠して代表者及びその他の構成員全体の連名により、又は少なくとも共同企業体の名称を冠した代表者の名義によること（甲型の場合。乙型もこれに準ずることが望ましい。）

②　契約の履行についての各構成員間の責任分担及び下請企業等との権利義務関係について、運営委員会において予め各構成員協議の上決定するとともに、下請企業等と予め十分協議を行うこと

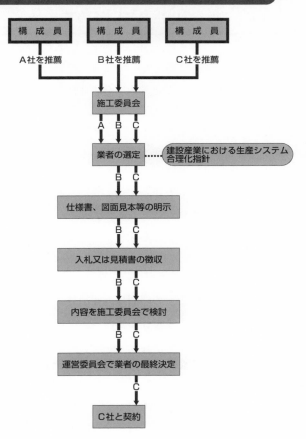

下請契約を締結する場合の業者の決定・契約までの事務フローの例

構　成　員　　　　構　成　員　　　　構　成　員

A社を推薦　　　　B社を推薦　　　　C社を推薦

施工委員会

A　B　C

業者の選定　……　建設産業における生産システム
合理化指針

B　C

仕様書、図面見本等の明示

B　C

入札又は見積書の徴収

B　C

内容を施工委員会で検討

B　C

運営委員会で業者の最終決定

C

C社と契約

8　一括下請負

 建設業法では、一括下請負が禁止されているとのことですが、一括下請負とはどのようなものですか。また、なぜ禁止されているのですか。

　建設業者は、その請け負った建設工事を、如何なる方法をもってするかを問わず、一括して他人に請け負わせてはならず（建設業法第22条第1項）、建設業を営む者は、建設業者から当該建設業者の請け負った建設工事を一括して請け負ってはなりません（同条第2項）。これが一括下請負の禁止といわれるものです。

　建設業者は、その請け負った建設工事の完成について誠実に履行することが必要であり、次のような場合は、元請負人がその下請工事の施工に実質的に関与していると認められるときを除き、一括下請負に該当するとされています。

　一括下請負に該当するか否かの判断は、元請負人が請け負った建設工事1件ごとに行われます。建設工事1件の範囲は、原則として請負契約単位で判断されます。

① 　請け負った建設工事の全部又はその主たる部分を一括して他の業者に請け負わせる場合
　（例）　請け負った一切の工事を他の1業者に施工させる場合のほか、本体工事のすべてを1業者に下請負させ、附帯工事のみを自ら又は他の下請負人が施工する場合や、本体工事の大部分を1業者に下請負させ、本体工事のうち主要でない一部分を自ら又は他の下請負人が施工する場合。
② 　請け負った建設工事の一部分であって、他の部分から独立してその機能

を発揮する工作物の工事を一括して他の業者に請け負わせる場合

　（例）　戸建て住宅10戸の新築工事を請け負い、そのうち1戸の工事を1社
　　　　に下請負させる場合や、道路改修工事2㎞を請け負い、そのうち500
　　　　m分について施工技術上分割しなければならない特段の理由がないに
　　　　もかかわらず、その工事を1社に下請負させる場合。

　一括下請負が禁止されるのは、次のような理由からです。

①　発注者が建設工事の請負契約を締結するに際して建設業者に寄せた信頼
　を裏切ることとなる（発注者は、建設業者の過去の施工実績、施工能力、
　社会的信用等様々な評価をした上で、当該建設業者を信頼して契約してい
　る。）。

②　一括下請負を容認すると、中間搾取、工事の質の低下、労働条件の悪
　化、実際の工事施工の責任の不明確化等が発生するとともに、施工能力の
　ない商業ブローカー的不良建設業者の輩出を招くことにもなりかねず、建
　設業の健全な発達を阻害するおそれがある。

◆一括下請負とは◆

● 請け負った建設工事の全部又はその主たる部分を一括して他の業者に請け負わせる場合

● 請け負った建設工事の一部分であって、他の部分から独立してその機能を発揮する工作物の工事を一括して他の業者に請け負わせる場合であって、請け負わせた側がその下請工事の施工に実質的に関与していると認められないものが該当します。

◆ 公共工事については、全面禁止（入札契約適正化法第14条）
◆ 民間工事は発注者の書面による承諾があれば原則として合法（建設業法第22条第3項）
（＊民間工事についても、共同住宅を新築する工事については禁止されています。）

　一括下請負の禁止に違反した建設業者に対しては、行為の態様、情状等を勘案し、再発防止を図る観点から、監督処分（営業停止）が行われます。

　　　　下請負人としてきちんと仕事をしても処分されるの？

一括下請負は、下請工事の元請負人だけでなく
下請負人も監督処分（営業停止）の対象になります。

建設業法が一括下請負を禁止している理由
　◆ 発注者が建設業者に寄せた信頼を裏切る。
　◆ 施工責任があいまいになることで、手抜工事や労働条件の悪化につながる。
　◆ 中間搾取を目的に施工能力のない商業ブローカー的不良建設業者の輩出を招く。

（実質的関与）

元請業者がその工事の実施に実質的に関与をしていれば、一括下請負にはならないとのことですが、実質的に関与とはどのようなことですか。

　実質的に関与とは、自ら施工計画の作成、工程管理、品質管理、安全管理、技術的指導等を行うことです。

　元請業者は、請け負った建設工事全体について、施工計画書等の作成、進捗確認、下請負人からの施工報告の確認、労働安全衛生法に基づく措置、主任技術者の配置等法令遵守や職務遂行の確認、その他所定の全ての事項を行うことが必要です。

　下請業者は、請け負った範囲の建設工事について、施工要領書等の作成、進捗確認、立会確認、労働安全衛生法に基づく措置、作業員の配置等法令遵守、その他所定の事項を主として行うことが必要です。

＊請け負った建設工事と同一の種類の建設工事について単一の業者と下請契約を締結するものは、次の事項を全て行うことが必要
・請け負った範囲の建設工事に関する現場作業に係る実地の技術指導
・自らが受注した建設工事の請負契約の注文者との協議
・下請負人からの協議事項への判断・対応

　単に現場に技術者を置いているだけではこれに該当せず、また、現場に直接的かつ恒常的な雇用関係を有する適格な技術者が置かれていない場合には、実質的に関与しているとはいえませんので注意してください。

　元請、下請それぞれの実質的関与の内容は、次表のとおりです。

※実質的に関与とは、元請、下請それぞれが以下の役割を果たすことをいいます。

①元請(発注者から直接請け負った者)が果たすべき役割	
施工計画の作成	○請け負った建設工事全体の施工計画書等の作成 ○下請負人の作成した施工要領書等の確認 ○設計変更等に応じた施工計画書等の修正
工程管理	○請け負った建設工事全体の進捗確認 ○下請負人間の工程調整
品質管理	○請け負った建設工事全体に関する下請負人からの施工報告の確認、必要に応じた立会確認
安全管理	○安全確保のための協議組織の設置及び運営、作業場所の巡視等請け負った建設工事全体の労働安全衛生法に基づく措置
技術的指導	○請け負った建設工事全体における主任技術者の配置等法令遵守や職務遂行の確認 ○現場作業に係る実地の総括的技術指導
その他	○発注者等との協議・調整 ○下請負人からの協議事項への判断・対応 ○請け負った建設工事全体のコスト管理 ○近隣住民への説明

⇒ 元請は、以上の事項を全て行うことが求められる

②下請（①以外の者）が果たすべき役割	
施工計画の作成	○請け負った範囲の建設工事に関する施工要領書等の作成 ○下請負人が作成した施工要領書等の確認 ○元請負人等からの指示に応じた施工要領書等の修正
工程管理	○請け負った範囲の建設工事に関する進捗確認
品質管理	○請け負った範囲の建設工事に関する立会確認（原則）
安全管理	○協議組織への参加、現場巡回への協力等請け負った範囲の建設工事に関する労働安全衛生法に基づく措置
技術的指導	○請け負った範囲の建設工事に関する作業員の配置等法令遵守 ○現場作業に係る実地の技術指導＊
その他	○元請負人との協議＊ ○下請負人からの協議事項への判断・対応＊ ○元請負人等の判断を踏まえた現場調整 ○請け負った範囲の建設工事に関するコスト管理 ○施工確保のための下請負人調整

⇒ 下請は、以上の事項を主として行うことが求められる

（注）＊は、下請が、自ら請けた工事と同一の種類の工事について、
　　　単一の建設企業と更に下請契約を締結する場合に必須とする事項

元請

下請

建設工事の一部を下請に出す元請業者は、工程管理などの業務について、下請工事に実質的に関与していなければなりません。

（技術的指導能力）

 元請業者が下請け会社に技術的指導をする能力が無い場合には、その下請工事は一括下請負になるでしょうか。

　建設業者は、その請け負った建設工事の完成について誠実に履行することが必要であり、請け負った建設工事の全部又はその主たる部分を一括して他の業者に請け負わせる場合などには、元請負人がその下請工事の施工に実質的に関与していると認められるときを除き、一括下請負になります。

　実質的に関与とは、自ら施工計画の作成、工程管理、品質管理、安全管理、技術的指導等を行うことです。

　元請負人は、請け負った建設工事全体について、施工計画書等の作成、進捗確認、下請負人からの施工報告の確認、労働安全衛生法に基づく措置、主任技術者の配置等法令遵守や職務遂行の確認、その他所定の全ての事項を行うことが必要です。

　これらの業務を行う能力がない場合には、一括下請負になります。

（一括下請負の禁止が適用されない場合）

発注者の承諾があれば、一括下請負もできると聞きましたが、どのような場合でしょうか。また、この場合は、元請負人は工事現場に技術者を配置しなくてもよいのでしょうか。

入札契約適正化法に規定する公共工事については、一括下請負が全面的に禁止されています。民間工事については、元請負人があらかじめ発注者から、一括下請負に付することについて書面による承諾を得ている場合は、一括下請負の禁止の例外とされています（建設業法第22条）が、民間工事についても多数の者が利用する施設や工作物で重要な建設工事のうち共同住宅の新築工事については禁止されています。

一括下請負の発注者の承諾については、次のことに注意する必要があります。

① 建設工事の最初の注文者である発注者の承諾が必要であり、その承諾は、一括下請負に付する以前に、書面により受けなければなりません。

② 発注者の承諾を受けなければならない者は、請け負った建設工事を一括して他人に請け負わせようとする元請負人です。

したがって、下請負人が請け負った工事を一括して再下請負に付そうとする場合にも、発注者の書面による承諾を受けなければなりません。当該下請負人に工事を注文した元請負人の承諾ではありません。

なお、発注者の書面による承諾に定められた様式はありませんが、あらかじめ契約約款等に盛り込んでおくような方法ではトラブルが発生する場合がありますので、発注者の承諾の意思表示が明確に確認できる書面の作成・交付が望まれます。

あらかじめ、発注者の書面による承諾を得て一括下請負に付した場合においても、一括下請負の禁止が解除されるだけですので、元請負人としての工

事現場への技術者の配置等、建設業法のその他の規定により求められている
ものについては、変更がありません。

一括下請負は、民間工事でも、あ
らかじめ、発注者からの文書での
承諾が必要です。
公共工事では全面的に禁止されて
います。

（一括下請負の禁止が適用される契約当事者）

 一括下請負の禁止は、いわゆる元請業者と一次下請業者の間だけに適用されるのでしょうか。また、一次下請業者と二次下請業者との間でも一括下請負が禁止されるのですか。

　一括下請負の禁止が適用される範囲には制限がありませんので、二次下請と三次下請の間等でも一括下請負と認定され、監督処分がされた事例があります。

　下請負人が、元請負人から一括下請負をすることも禁止されています（建設業法第22条第2項）。下請負人も、工事の施工に係る自己の責任の範囲及び元請負人の監理技術者等による指導監督系統を正確に把握することにより、漫然と一括下請負違反に陥ることのないように注意する必要があります。

　下請負人には、元請負人が実質的に関与しているかどうかよく分からないこともあり、厳し過ぎるのではないかとの見方もあるでしょうが、そもそも誰が元請負人における当該工事の施工の責任者であるのか分からない状態では、下請負人の施工が適切に行われることは考えられず、契約不適合（瑕疵）が発生した場合の責任の所在も不明確となります。したがって、元請負人において適格な技術者が配置されず、実質的に関与しているといえない場合には、原則として、下請負人も建設業法に基づく監督処分等の対象となります。

　なお、この下請負人については、建設業の許可を受けないで建設業を営む者も含まれます。

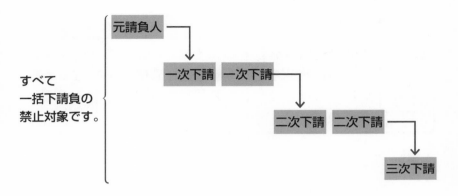

（少額工事、親子会社間での取扱い）

Q 8-6 主任技術者は専任でなくてもよい少額の民間工事の場合や、株式を100%を保有している子会社に下請負させる場合でも、一括下請負が禁止されるのでしょうか。

A

　一括下請負の禁止は、すべての建設工事について適用されます。したがって、建設業者が元請負人となる場合には、少額の工事といえども対象となります。

　また、株式を100%を保有している子会社であっても、親会社とは別個の会社であり、この会社に請け負った建設工事の主たる部分の大半を施工させるなど一括下請負として禁止されている内容の工事を下請けさせた場合には、元請負人として実質的に関与していると認められない限り一括下請負に該当します。

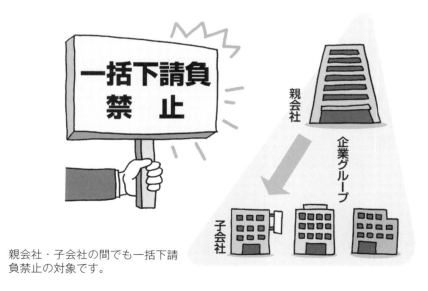

親会社・子会社の間でも一括下請負禁止の対象です。

9　監督処分・罰則

（監督処分）

建設業法に違反すると、行政庁による監督処分が行われると聞きましたが、それはどのような内容ですか。

　建設業者は、建設業法はもちろん、建設業の営業に関連して守るべきその他の法令の規定を遵守するとともに、建設工事の施工に際しては、業務上必要とされる事項に関して注意義務を怠らず、適正な建設工事の施工を行うことが必要です。

　監督処分は、刑罰や過料を科すことにより間接的に法律の遵守を図るために設けられる罰則とは異なり、行政上直接に法の遵守を図る行政処分です。

　具体的には、一定の行為について作為又は不作為を命じたり（指示）、法の規定により与えられた法律上の地位を一定期間停止し（営業の停止）、あるいは剥奪する（許可の取消）ことにより、不適正な者の是正を行い、又は不適格者を建設業者から排除することを目的とするものです。

　建設業法では、次のような処分を定めています。

① **指示処分（建設業法第28条）**

　建設業者が建設業法に違反すると、監督行政庁による指示処分の対象になります。指示処分とは、法令違反や不適正な事実を是正するために業者がどのようなことをしなければならないか、監督行政庁が命令するものです。

② **営業停止処分（同法第28条）**

　建設業者が指示処分に従わないときには、監督行政庁による営業停止処分の対象になります。一括下請負禁止規定の違反や独占禁止法、刑法などの他法令に違反した場合などには、指示処分なしで直接営業停止処分がなされることがあります。営業停止期間は、1年以内で監督行政庁が決定します。

③　許可取消処分（同法第29条）

　不正手段で建設業の許可を受けたり、営業停止処分に違反して営業したりすると、監督行政庁によって、建設業の許可の取消しがなされます。一括下請負禁止規定の違反や独占禁止法、刑法などの他法令に違反した場合などで、情状が特に重いと判断されると、指示処分や営業停止処分なしで直ちに許可取消となる場合もあります。

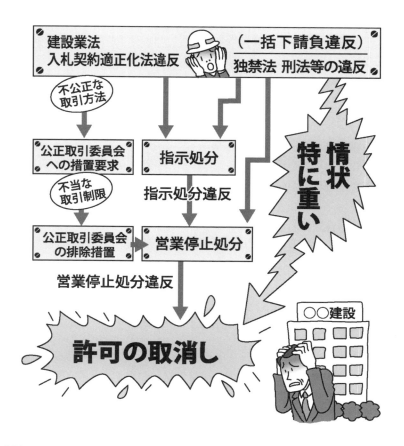

（監督処分基準と公表）

**Q
9-2** 監督処分には具体的な基準があり、また、処分を受けると公表されるとのことですが、その内容を教えてください。

国土交通省では、建設業法に基づく監督処分の一層の透明性の向上を図るとともに、不正行為等の抑止を図る観点から、「建設業者の不正行為等に対する監督処分の基準について（令和4年5月26日　国土交通省不動産・建設経済局長通知）」を定め、関係機関に通知しています。

完成工事高の水増し等の虚偽申請を行うことにより得た経営事項審査結果を公共工事の発注者に提出し、公共工事発注者がその結果を資格審査に用いたときは、30日以上の営業停止処分とするなどが規定されています。

監督行政庁は、建設業者に対して営業停止処分や許可取消処分を行ったときは、その旨を官報や公報で公告しなければならないこととされており、このような建設業者と新たに取引関係に入ろうとする者にその処分に関する情報を提供しています。

また、不正行為を原因として受けた指示処分や営業停止処分の結果については当該処分の年月日、内容等を記載した建設業者監督処分簿を備え、閲覧所において公衆の閲覧に供しなければならないこととされています。

以上の建設業法に基づく措置のほか、国土交通省では大臣許可業者についての営業停止処分や許可取消処分等の監督処分情報をホームページに公表しており、都道府県知事許可業者に係る監督処分情報や、公正取引委員会による措置情報等も閲覧できるようになっています。

監督処分が命じられる主なケース

公衆危害

建設業者の業務に関する談合・贈賄等

① 刑法違反
② 補助金等適正化法違反
③ 独占禁止法違反

請負契約に関する不正行為

① 虚偽申請
② 技術者の不設置等
③ 粗雑工事等による重大な瑕疵
④ 施工体制台帳等の不作成

事　故

① 公衆危害
② 工事関係者事故

建設工事の施工等に関する他法令違反

① 労働安全衛生法違反（工事関係者事故等）
② 建設工事の施工等に関する他法令違反
  ・　建築基準法違反等
  ・　労働基準法違反等
  ・　廃棄物処理法違反
  ・　特定商取引に関する法律違反
  ・　賃貸住宅の管理業務等の適正化に関する法律違反
③ 信用失墜行為等
  ・　法人税法、消費税法等の税法違反
  ・　暴力団員による不当行為防止法等に関する法律違反
④ 健康保険法違反、厚生年金保険法違反、雇用保険法違反
⑤ 一括下請負等
⑥ 主任技術者等の変更
⑦ 無許可業者等との下請契約

履行確保法違反

特定住宅瑕疵担保責任の履行の確保等に関する法律違反

（営業停止処分の手続）

今度、営業停止処分を受けることになりそうです。
営業停止期間が始まるまでの概ねの手続等について
教えてください。

　営業停止処分を受けるときには、監督官庁から事実の報告を求められ、弁
明の機会が与えられた後、処分通知がなされることとなります。処分通知が
なされれば、通常2週間後に営業停止の始期が設定されますが、この2週間
のうちに、当該処分を受ける前に締結された請負契約に係る建設工事の注文
者に通知をする必要（建設業法第29条の3）があります。

（建設工事の注文者への通知）

 Q 9-4 建設業法第29条の3の通知は、どの範囲の者に通知する必要があるのですか。

　営業停止を命じられた場合においても、これらの処分がなされる前に締結した請負契約に基づく建設工事については施工することができることとされています。この場合において、建設業法第29条の3第1項により、当該工事を施工する建設業者等は、営業停止処分を受けたこと及び引き続き施工することなどを、当該処分を受ける前に締結された請負契約に係る建設工事の注文者に通知すべきことが義務付けられています。

　当該建設工事の注文者は、この通知を受けた日又は処分があったことを知った日から30日以内に限り、その建設工事の請負契約を解除することができます（同条第5項）。

　なお、この通知は、当該処分通知を受けた後2週間以内に行わねばならず、怠れば罰則の適用があります。

（営業停止処分の内容）

 Q 9-5 営業停止処分を受けた場合、行うことができない行為について教えてください。

　建設業法に基づく営業停止処分は、建設業者としての営業活動を停止する処分であり、建設工事請負契約の締結及び入札、見積り等これに付随する行為（新規契約のみならず処分を受ける前に締結された請負契約を変更する契約も含まれる。）が一定期間禁止となります。

（営業停止期間中は行えない行為）

1　新たな建設工事の請負契約の締結（仮契約に基づく本契約の締結を含む。）

2　処分を受ける前に締結された請負契約の変更であって、工事の追加に係るもの（工事の施工上特に必要があると認められるものを除く。）

3　1〜2及び営業停止期間満了後における新たな建設工事の請負契約の締結に関連する入札、見積り、交渉等

4　営業停止処分に地域限定が付されている場合にあっては、当該地域内における1〜3の行為

5　営業停止処分に業種限定が付されている場合にあっては、当該業種に係る1〜3までの行為

6　営業停止処分に公共工事又はそれ以外の工事に係る限定が付されている場合にあっては、当該公共工事又は当該それ以外の工事に係る1〜3までの行為

（営業停止期間中でも行える行為）

1　建設業の許可、経営事項審査、入札の参加資格審査の申請

2　処分を受ける前に締結された請負契約に基づく建設工事の施工

3　施工の瑕疵に基づく修繕工事等の施工

4　アフターサービス保証に基づく修繕工事等の施工

5　災害時における緊急を要する建設工事の施工

6　請負代金等の請求、受領、支払い等

7　企業運営上必要な資金の借り入れ等

＊　「処分を受ける前」とは、営業停止命令書が到達する前ということです。

（営業禁止命令）

Q 9-6 営業停止処分ではなく、営業禁止命令というものがあると聴きましたが、どのようなものですか。

　営業禁止命令は、建設業者が営業停止処分を受けたときに、その企業の役員や処分の原因である事実について相当の責任を有する営業所長等が、他の建設業者の役員等となって営業を行うことになれば監督処分の実効性がなくなるので、これらの者に対して建設業者等に対する営業停止処分と同時に営業の禁止を命じるものです（建設業法第29条の4第1項）。

　禁止内容は、その企業の役員や処分の原因である事実について相当の責任を有する営業所長等が、営業停止を命じる範囲の営業を内容とする営業を新たに開始すること、又はそれを目的とする法人の役員となることです。これらの者には、当該処分の日前60日以内において役員又は使用人あった者も含まれることとされています。

　この営業禁止は、新たに営業を開始することを禁止するものであり、処分を受ける以前から既に他の法人の役員等となっている場合は、これに該当しません。

　また、営業停止処分を行うときは、必ず営業禁止処分が行われます。

　なお、営業禁止期間は、営業停止期間と同一の期間とされています。

（営業停止処分と継続工事）

 営業停止処分を受けた場合、当該処分通知を受ける前から行っている工事の施工も、中止しなければならないのですか。

　営業停止処分が行われた場合でも、営業停止処分命令が到達する以前に締結した建設工事請負契約に係る建設工事については、引き続き施工することができることとされています。

　なお、営業停止処分命令の到達日から営業停止期間の始期までに締結した建設工事請負契約に係る建設工事については、営業停止期間中の施工ができないこととされています。

（営業停止処分と変更契約）

 営業停止処分を受けた場合、営業停止期間中は、処分通知を受ける前から行っている工事の変更契約が、できなくなるのですか。

　営業停止処分が行われた場合でも、営業停止処分命令の到達以前に締結した建設工事請負契約に係る建設工事については、引き続き施工することができることとされています。

　しかしながら、処分を受ける前に締結された請負契約の変更であって、工事の追加に係るものは禁止されていますので、当該引き続き施工ができる工事についても、その工事の変更契約は、原則としてできないこととなります。

（営業停止処分と下請契約）

 営業停止処分を受けた場合、営業停止期間中は、処
分通知を受ける前から施工している工事の下請契約
は、できなくなるのですか。

　営業停止処分が行われた場合でも、営業停止処分命令が到達する前に締結
した建設工事請負契約に係る建設工事については、引き続き施工することが
できることとされています。

　このような工事の施工については、下請契約を行うことができます。

（営業停止処分と資材調達契約）

 営業停止処分を受けた場合、営業停止期間中は、資材の調達契約も、できなくなるのですか。

　営業停止期間中は、建設工事請負契約の締結等の行為はできなくなりますが、建設工事請負契約以外の契約行為については禁止されませんので、資材調達契約は締結することができます。

　ただし、資材調達契約という名義で契約を締結した場合においても、その内容が実質的に報酬を得て建設工事を完成することを目的とした契約となっている場合には、建設工事の請負契約とみなされます（建設業法第24条）ので、このような契約を締結することは営業停止処分に抵触することになるということに注意してください。

　また、保守管理契約等いかなる名義で契約を締結した場合も、これと同様ですので、注意が必要です。

（営業停止処分と海外建設工事）

 営業停止処分を受けた場合、営業停止期間中は、海外建設工事の受注契約もできなくなるのですか。

　海外建設工事に関する業務は、営業停止処分により影響を受けませんので、営業停止期間中も海外建設工事についての建設工事請負契約は締結することができます。

（指示処分）

指示処分を受けました。営業停止処分ではありませんでしたので、今後の工事の受注については何ら影響がないものと考えて良いものでしょうか。

　指示処分とは、法令違反や不適正な事実を是正するために、企業がどのようなことをしなければならないかを、監督行政庁が命令するものです。営業停止処分のように、一定の期間建設工事請負契約の締結、入札、見積り等について行為の停止を命令するようなものでは、ありません。

　しかしながら、指示処分を受けた場合においても、公共工事を受注する際に必要とされる経営事項審査において、減点の対象とされるほか、公共工事の各発注者から指名停止措置を受けることになります。

　指名停止措置は、発注者が競争入札参加資格を認めた建設業者に対して、一定期間その発注者が発注する建設工事の競争入札に参加させないこととするもので、企業の事業内容によっては、建設業者の経営に実質的に大きな影響を及ぼすことになります。

建設業法に違反すると、違反の内容によっては罰則が適用されるとのことですが、どのような内容ですか。

　建設業法では、その目的を達成するため、法律に違反した場合の罰則を設けています（建設業法第8章）。

　罰則の内容は、違反事実に応じて定められていますが、最も重いものは、建設業の許可を受けないで許可が必要な建設業を営んだ者、営業停止処分に違反して営業した者などで、3年以下の懲役又は300万円以下の罰金に処するとされています。

　許可申請書に虚偽の記載をして提出した者などについては、6月以下の懲役又は100万円以下の罰金に処するとされています。

　主任技術者又は監理技術者を置かなかった者などについては、100万円以下の罰金に処するとされています。

　営業所や建設工事現場への標識の掲示をしない者などについては、10万円以下の過料に処するとされています。

　また、違反行為を企業の役職員が行ったときには、行為者を罰するだけでなく、その企業にも最高1億円以下の罰金刑を科するとされています。

違反をした行為者だけでなく、会社にも罰金刑が科されることがあります。

（指名停止措置）

Q 9-14 建設業法による監督処分があった場合には、公共工事の発注者から指名停止措置を受けることがあると聞きましたが、どのようなことか教えてください。

指名停止措置は、発注者が競争入札参加資格を認めた建設業者に対して、一定期間その発注者が発注する建設工事の競争入札に参加させないとするものであり、会計法や地方自治法の運用として発注者が行う行政上の措置です。したがって、当該措置を執った発注者との契約だけに関係するものですが、通常、他の発注者も同じ事実を基として同様の措置をとることも多く、建設業者の経営に大きな影響を与えるものです。

指名停止措置は、発注者がそれぞれの判断で行いますが、国の機関や都道府県等は、それぞれが指名停止措置に関する措置要領や運用基準を定めており、これらに基づき指名停止措置を決定しています。

国の機関等については、中央公共工事契約制度運用連絡協議会を設置して、これらの措置基準の標準モデルを策定し申し合わせており、国土交通省をはじめ各省庁では、この標準モデルを踏まえて、それぞれ措置要領や運用基準を決定しています。

例えば、国土交通省の指名停止に係る措置要領では、建設業法に違反し、契約の相手方として不適当と認められれば原則として1月以上9月以内の期間で指名停止することとしています。

監督処分を受けると公共工事の入札等に参加できないことがあります。

（独占禁止法違反と監督処分・罰則）

建設業法の違反内容によっては、公正取引委員会から処分されることもあるとのことですが、どのようなことか教えてください。

　建設業法の違反行為のうち、次に掲げる規定に違反している事実があり、独占禁止法第19条に違反していると認めるときは、直接建設業法に基づき監督処分が行われるのではなく、許可行政庁である国土交通大臣又は都道府県知事から公正取引委員会に独占禁止法の規定に従った適当な措置をとるべきことを求めることができることとされています（建設業法第42条）。

○　建設業法第19条の3（不当に低い請負代金の禁止）違反

○　同法第19条の4（不当な使用資材等の購入強制の禁止）違反

○　同法第24条の3第1項（注文者から支払があった場合の1月以内の支払義務）違反

○　同法第24条の4（原則20日以内の検査、完成確認後直ちに引取り）違反

○　同法第24条の5（不利益取扱いの禁止）違反

○　同法第24条の6第3項（一般金融機関での割引困難な手形の禁止）違反

○　同法第24条の6第4項（引渡申し出日から50日以内の支払義務等）違反

　これらの規定は、建設工事の下請契約に関して元請負人（一部は特定建設業者にだけ適用される。）に義務づけられたものですが、同時にその違反行為は、公正取引委員会が昭和47年に定めた「建設業の下請取引に関する不公正な取引方法の認定基準」に示されているように、独占禁止法第19条で定める不公正な取引方法に該当するものとして取扱うものとするとされています。

このため、行政の一元化を図る趣旨で、許可行政庁から請求を受けた公正取引委員会が独占禁止法の規定に基づき勧告、差止命令等の措置をとることとされています。

　なお、下請人が中小企業者（建設業では、資本金３億円以下又は従業員が300人以下）の場合には、措置請求をした許可行政庁は同時に中小企業庁長官にも通知をするものとされています。

（駆け込みホットライン）

 国土交通省に設置されている駆け込みホットラインとは何ですか。

　国土交通省では、建設業法に違反している建設業者の情報窓口として駆け込みホットラインが設置されています。

　この駆け込みホットラインは、平成19年以降国土交通省の各地方整備局に設置されている建設業法令遵守推進本部に設けられた建設業法違反通報窓口です。開設以降受付件数も増加の一途にあり、建設業法違反に関する情報を収集するための重要な制度として、より一層の周知を図り利用促進に努めることとされています。

　駆け込みホットラインに寄せられた情報のうち、法令違反の疑いがある建設業者には、必要に応じ立入検査等を実施し、違反があれば監督処分等により厳正に対応するとされています。

Ⅱ 入札契約適正化法

（目的と基本原則）

 入札契約適正化法について、その目的と主なポイントを教えてください。

　入札契約適正化法は、国及び地方公共団体等のすべての公共工事の発注者を通じて、

① 　公共工事の入札及び契約の適正化を促進するため、

　・透明性の確保

　・公正な競争の促進

　・談合その他の不正行為の排除の徹底

　・ダンピング受注の防止

　・適正な施工の確保

　を基本原則として定めるとともに、

② 　各年度の工事の発注見通しや受注者の選定過程、入札結果等についての情報の公表、談合等の不正行為に関する公正取引委員会への通知、施工体制の適正化を図るための施工体制台帳の提出等の措置を義務付けているほか、併せてすべての発注者に対し努力を促すため適正化指針を策定することとしています。

　これにより、会計法及び地方自治法で基本的な手続が定められている公共工事の入札及び契約について、入札から事業実施に至る全過程において、その適正化の実現を図り、公共工事に対する国民の信頼の確保とこれを請け負う建設業の健全な発達を図ることを目的とするものです。

（発注者に対する法定義務付け事項）

 入札契約適正化法で発注者に対して義務付けている内容について教えてください。

　この法律では、公共工事についてのすべての発注者に対して、次の事項を義務付けています。

① **毎年度の発注見通しの公表**（入札契約適正化法第 4 条、第 6 条、第 7 条）

　　発注工事名・時期等を公表（見通しが変更された場合も公表）

② **入札・契約に係る情報の公表**（同法第 5 条、第 6 条、第 8 条）

　　入札参加者の資格、入札者・入札金額、落札者・落札金額　等

③ **不正行為に対する措置**（同法第10条、第11条）

　　不正事実（談合等）の公正取引委員会、建設業許可行政庁への通知

④ **適正な金額での契約の締結等のための措置**

　　入札金額の内訳の提出と発注者による確認（同法第12条、第13条）

⑤ **施工体制の適正化**（同法第16条）

　　発注者による現場の点検等

　また、公共工事の受注者に対しては、次の事項を義務付けています。

・　施工体制の適正化（同法第14条、第15条）

・　一括下請負の全面禁止（同法第14条）

・　受注者の現場施工体制（技術者の配置・下請の状況等）の報告【施工体制台帳の写しの提出】（同法第15条）

（適正化指針）

入札契約適正化法に基づき適正化指針が定められているとのことですが、その内容を教えてください。

　この法律は、すべての公共工事の発注者を対象としていますが、一律に義務付けることが困難な事項については、一定の方向性を示して発注者に対し努力を促すため、発注者が取り組むべきガイドラインを策定して示すこととしています（入札契約適正化法第17条）。このガイドラインが適正化指針です。

　適正化指針の主な事項は、以下のとおりです。

① **透明性の確保**

・　情報の公表（入札契約に係る情報は基本的に公表）

・　第三者の意見を適切に反映する方策（学識経験者からなる入札監視委員会等の第三者機関の設置）

② **公正な競争の促進**

・　一般競争入札の適切な活用（メリットとデメリットを踏まえ対象工事の見直し等により適切に活用）

・　総合評価落札方式の適切な活用（工事の性格等に応じ適切に活用、事務量の軽減）

・　地域維持型契約方式（一括発注、複数年度工事、共同企業体等への発注）

・　災害復旧等における入札及び契約の方法（災害時における緊急性に応じて随意契約や指名競争入札を活用する等）

・　適切な競争参加資格の設定（暴力団関係業者や社会保険等未加入業者の排除、地域要件の設定）

③ **談合その他の不正行為の排除の徹底**

・　談合情報や一括下請負等建設業法違反への適切な対応

・　不正行為が起きた場合の厳正な対応

- 談合に対する発注者の関与の防止（職員への不当な働きかけ等が発生しにくい入札手続の導入）

④ **ダンピング受注の防止**
- 予定価格の適切な設定（歩切りの禁止）
- 入札金額の内訳書の提出
- 低入札価格調査制度及び最低制限価格制度の活用
- 不採算受注の受注強制の禁止
- 低入札価格調査の基準価格等の公表時期

⑤ **適正な施工の確保**
- 施工状況の評価
- 受発注者間の対等性の確保（適切な契約変更等）
- 施工体制の把握の徹底（工事施工段階における監督・検査の確実な実施、施工体制台帳の活用）

⑥ **その他**
- 不良・不適格業者の排除（暴力団関係業者や社会保険等未加入業者の排除）
- ＩＴ化の推進
- 発注者間の連携強化

（建設業法の特例）

 入札契約適正化法では、建設業法の特例が定められているとのことですが、その内容を教えてください。

この法律では、次のような建設業法の特例が定められています。

① **入札金額の内訳の提出**（入札契約適正化法第12条）

建設業者に、入札の際の入札金額の内訳の提出が義務付けられるとともに、発注者には、それを適切に確認することが義務付けられています。

② **一括下請負の全面禁止**（同法第14条）

建設業法第22条第3項は、あらかじめ発注者の書面による承諾を得ている場合は、一括下請負が禁止されないとする規定ですが、入札契約適正化法によって、この規定が適用されないことにより、この法律の対象となる公共工事については、一括下請負が発注者の承認の如何にかかわらず、一切禁止されることとなります。

また、民間工事についても多数の者が利用する施設や工作物で重要な建設工事（共同住宅の新設）については全面的に禁止されています（建設業法第22条第3項）。

③ **施工体制台帳等の作成義務の範囲の拡大**（入札契約適正化法第15条）

この法律でいう公共工事の施工においては、施工体制台帳の作成・提出義務が、下請金額にかかわらないこととされ、小規模工事に拡大されています。

④ **施工体制台帳の写しの提出等**（同法第15条）

この法律でいう公共工事の施工においては、建設業法に基づき施工体制台帳を作成しなければならない場合には、発注者の請求があったときに閲覧に供しなければならない（建設業法第24条の8第3項）のではなく、作成した施工体制台帳の写しを発注者に提出しなければなりません。

また、施工体系図の掲示についても、当該工事現場の工事関係者が見やす

い場所に加えて、公衆が見やすい場所にも掲示しなければならないこととされています。

　公衆が見やすい場所に掲示を求めるのは、適正な施工体制の下に工事が行われていることを第三者の目からも確認できるようにする趣旨であり、具体的には、工事現場の道路に面した場所などに掲示するのが適当です。

　更に、発注者から工事現場の施工体制が施工体制台帳の記載に合致しているかどうかの点検を求められたときは、これを受けることを拒んではいけないこととされています。

（現場点検）

入札契約適正化法に基づき、発注者が建設工事の現場を点検するとのことですが、どのようなことか教えてください。

　入札契約適正化法第16条では、公共工事の発注者は、施工技術者の設置の状況その他の工事現場の施工体制を適正なものとするため、当該工事現場の施工体制が施工体制台帳の記載に合致しているかどうかの点検その他の措置を講じなければならないとしています。また、同法第15条では受注者がこの点検を拒否してはならない旨を定めています。

　点検は、施工体制台帳に記載された下請業者を含めた建設業者等が実際に施工しているか、監理技術者等の技術者の配置・専任が適正に行われているか、元請・下請の施工範囲が台帳どおりに行われているかなどの確認が行われます。

　なお、発注者等による施工体制台帳等を活用した施工体制の適正化の徹底に資するよう施工体制台帳等活用マニュアルが策定され、公共工事の発注者等に通知されています。

　仮に、提出されている施工体制台帳に合致せず、不適切と認められる施工体制であったり、施工体制台帳に記載されている施工体制に合致していてもそれ自体が不適切と認められるものであったりした場合には、発注者は、工事の施工を監督する立場から適切な指示等を行うこととなります。

　このような場合には、発注者から建設業法第23条の規定により下請負人の変更を求められることもあり、更に、受注者が不誠実な対応をする場合には、契約解除等の措置が講じられるとともに、建設業者の監督権限を有する許可行政庁へ通知して行政庁による処分を求められることも考えられます。

現場施工確認等実施フロー図

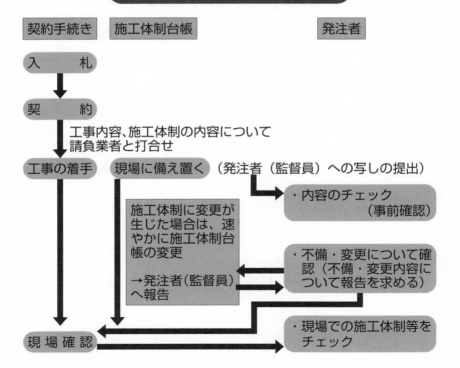

契約手続き　　施工体制台帳　　　　　　　　　　　発注者

入　　　札

契　　　約

工事内容、施工体制の内容について
請負業者と打合せ

工事の着手　　現場に備え置く　（発注者（監督員）への写しの提出）

・内容のチェック
　　　　（事前確認）

施工体制に変更が
生じた場合は、速
やかに施工体制台
帳の変更

→発注者（監督員）
へ報告

・不備・変更について確
　認（不備・変更内容に
　ついて報告を求める）

現場確認

・現場での施工体制等を
　チェック

改訂4版　わかりやすい建設業法Q&A

2011年 5 月31日　　第 1 版第 1 刷発行
2023年 1 月10日　　第 4 版第 1 刷発行
2023年 8 月31日　　第 4 版第 2 刷発行

著　　公益財団法人　建設業適正取引推進機構

発行者　箕　浦　文　夫

発行所　株式会社大成出版社

東京都世田谷区羽根木 1 ― 7 ―11
〒 156-0042　　電　話 03 (3321) 4131 (代)
https://www.taisei-shuppan.co.jp/

ISBN978-4-8028-3484-1